"十三五"职业教育课程改革项目成果

土建类学科专业系列规划教材

建筑工程 CAD

王立群　主　编

房荣敏　关小燕　王丽辉　肖聚贤　李彦景　副主编

许　颖　薛　松　参　编

科学出版社

北　京

内 容 简 介

本书紧密结合建筑工程技术类专业人才的需求,以培养学生利用AutoCAD绘制建筑施工图能力为目的,在扼要阐述知识结构体系基础上突出技能训练、绘图能力培养。本书主要内容包括 AutoCAD 2014 入门、AutoCAD 常用绘图命令、AutoCAD 常用修改命令、图形管理功能及常用工具、文字标注与尺寸标注、建筑工程施工图的绘制、AutoCAD 图形的输出、天正建筑平面图绘制等。

本书可作为高职高专院校建筑工程技术、工程监理、工程造价等相关专业的教材,也可供从事建筑施工、建筑设计、工程监理等工作的技术人员学习参考。

图书在版编目(CIP)数据

建筑工程 CAD / 王立群主编. —北京:科学出版社,2018.3
("十三五"职业教育课程改革项目成果·土建类学科专业系列规划教材)
ISBN 978-7-03-052994-7

Ⅰ. ①建… Ⅱ. ①王… Ⅲ. ①建筑制图-计算机辅助设计-AutoCAD软件-高等职业教育-教材 Ⅳ. ①TU201.4

中国版本图书馆 CIP 数据核字(2017)第 120586 号

责任编辑:万瑞达 / 责任校对:陶丽荣
责任印制:吕春珉 / 封面设计:曹 来

科 学 出 版 社 出版
北京东黄城根北街 16 号
邮政编码:100717
http://www.sciencep.com

三河市良远印务有限公司印刷
科学出版社发行   各地新华书店经销
*

2018 年 3 月第 一 版   开本:787×1092 1/16
2018 年 11 月第二次印刷   印张:17 3/4
字数:406 000
定价:40.00 元

(如有印装质量问题,我社负责调换〈良远〉)
销售部电话 010-62136230 编辑部电话 010-62130874

土建类学科专业系列规划教材
编写指导委员会

前　言

　　"建筑工程 CAD"是建筑工程类专业重要的专业技能课，是理论与实践紧密结合的制图识图能力的训练课。本课程教学目标是使学生能够掌握 AutoCAD 绘图的基本操作方法和各种命令；能够应用 AutoCAD 绘制各种建筑施工图、结构施工图及对应二维图形；学会天正建筑软件常用命令，应用天正建筑软件绘制建筑平面图；同时在教学中对学生的自学能力、分析解决问题的能力以及创新能力进行培养。

　　本书特色：

　　（1）"项目导入、任务驱动"教学法贯穿始终。每个项目均采用任务引导方式引入新知识，激发学生学习动力。

　　（2）培养学生分析问题、解决问题的能力。本书中的教学案例均提供了绘图思路和绘图分析，同时项目中均设置了一定数量的思考题，有利于培养学生分析问题、解决问题的能力，全面提高学生综合职业素质。

　　（3）内容编排由浅入深，符合认知规律。本书按照"AutoCAD 基本操作"→"AutoCAD 常用命令"→"建筑工程图的绘制"→"天正建筑软件"的顺序编排，内容由浅入深、由简单到综合，有利于学生对知识的学习和掌握。

　　（4）"学、练"结合。本书提供了大量与工程相关的实例，真正做到"学中做、做中学"、"教学、练"结合，最大限度地调动学生的学习兴趣与主观能动性。

　　（5）校企合作共同开发编写。本书附录中的建筑施工图由河北拓扑建筑设计有限公司提供，书中知识点和绘图技能由学校教师和企业技术人员共同确定。

　　本书共分 8 个项目，项目 1 AutoCAD 2014 入门；项目 2AutoCAD 常用绘图命令；项目 3 AutoCAD 常用修改命令；项目 4 图形管理功能及常用工具；项目 5 文字标注与尺寸标注；项目 6 建筑施工图的绘制；项目 7 AutoCAD 图形的输出；项目 8 天正建筑平面图绘制。

　　本书为数字化教材，扫码可查看教学 PPT 和重难点教学视频。本书还在每个项目后面提供了适量的操作训练题，同时在附录中提供了两套建筑施工图，充分满足学生在课后进行自学和实际训练的需求。

　　本书由石家庄职业技术学院建筑工程系组织编写，王立群任主编，房荣敏、关小燕、王丽辉、肖聚贤、李彦景任副主编。具体编写分工如下：王立群编写项目 1 和项目 6；房荣敏编写项目 4 和项目 7 以及附录三和附录四；关小燕编写项目 3；李彦景编写项目 2；王丽辉编写项目 5；肖聚贤编写项目 8；许颖、薛松绘制了附录图纸，全书由王立群和房荣敏负责统稿。

　　由于编者水平有限，书中难免存在不足或疏漏之处，欢迎广大读者批评指正。

编　者

2017 年 4 月 20 日

目　　录

前言

项目 1　AutoCAD 2014 入门 ··1

　　任务 1.1　了解 AutoCAD ···2
　　　　1.1.1　AutoCAD 简介 ··2
　　　　1.1.2　AutoCAD 2014 的启动与退出 ···3
　　　　1.1.3　AutoCAD 2014 的用户界面 ···4
　　任务 1.2　AutoCAD 2014 图形文件管理 ··9
　　　　1.2.1　新建图形文件 ··9
　　　　1.2.2　打开已有图形文件 ··10
　　　　1.2.3　保存图形文件 ··10
　　　　1.2.4　关闭图形文件 ··11
　　任务 1.3　AutoCAD 命令的调用与结束 ··11
　　　　1.3.1　AutoCAD 命令调用 ··11
　　　　1.3.2　退出正在执行的命令 ··13
　　　　1.3.3　取消已经执行完的命令 ··13
　　任务 1.4　认识 AutoCAD 2014 绘图辅助工具 ··14
　　　　1.4.1　AutoCAD 的绘图过程 ··14
　　　　1.4.2　设置图形界限 ··15
　　　　1.4.3　视窗的缩放与移动 ··15
　　任务 1.5　图形精确绘制与简单编辑 ··17
　　　　1.5.1　AutoCAD 2014 坐标系及应用 ··17
　　　　1.5.2　对象捕捉 ··20
　　　　1.5.3　正交和栅格 ··23
　　　　1.5.4　编辑对象选择 ··24
　　　　1.5.5　删除对象 ··26
　　操作训练 ··28

项目 2　AutoCAD 常用绘图命令 ··31

　　任务 2.1　绘制曲线类对象 ··32
　　　　2.1.1　圆（circle/C）··32
　　　　2.1.2　圆环（donut/DO）···33
　　　　2.1.3　圆弧（arc/A）··34
　　　　2.1.4　椭圆（ellipse/EL）···35

2.1.5　样条曲线（spline/SPL）··36

任务 2.2　绘制多段线和多线···37

2.2.1　多段线（pline/PL）···37

2.2.2　多线（mline/ML）··39

任务 2.3　绘制多边形类对象···43

2.3.1　矩形（rectang/REC）···43

2.3.2　正多边形（polygon/POL）··44

任务 2.4　绘制点··45

2.4.1　点（point/PO）··45

2.4.2　定数等分（divide/DIV）··45

2.4.3　定距等分（measure/MEA）··46

任务 2.5　图案填充···48

2.5.1　图案填充（bhatch/H）···48

2.5.2　确定填充图案··49

2.5.3　填充边界的确定···50

任务 2.6　图块···52

2.6.1　图块的创建（block/B）··52

2.6.2　图块的保存（wblock/W）···54

2.6.3　图块的插入（insert/I）··55

2.6.4　图块的重定义与修改··57

操作训练··64

项目 3　AutoCAD 常用修改命令···68

任务 3.1　图形对象的复制··69

3.1.1　复制（copy/CO/CP）··69

3.1.2　偏移复制（offset/O）··70

3.1.3　阵列（array/AR）··71

3.1.4　镜像（mirror/MI）···75

任务 3.2　图形对象的位置和大小变化···76

3.2.1　移动（move/M）···76

3.2.2　旋转（rotate/RO）···77

3.2.3　比例缩放（scale/SC）··78

3.2.4　拉伸（stretch/S）···79

任务 3.3　图形对象的形状变化···79

3.3.1　修剪（trim/TR）··79

3.3.2　延伸（extend/EX）···81

3.3.3　打断（break/BR）··82

3.3.4　圆角（fillet/F）···82

3.3.5　倒角（chamfer/CHA）···83

3.3.6　分解（explode/X）……………………………………………84

操作训练………………………………………………………………90

项目 4　图形管理功能及常用工具…………………………………92

任务 4.1　图层………………………………………………………93

4.1.1　设置图层（layer/LA）…………………………………………93

4.1.2　修改图层状态……………………………………………………94

4.1.3　图层的属性设置与修改…………………………………………95

4.1.4　图层特性过滤器…………………………………………………97

4.1.5　图层组过滤器……………………………………………………99

任务 4.2　线型………………………………………………………100

4.2.1　设置线型（linetype/LT）………………………………………100

4.2.2　设置线型比例（ltscale/LTS）…………………………………102

任务 4.3　线宽………………………………………………………104

4.3.1　设置线宽（line weight/LW）……………………………………104

4.3.2　线宽的修改………………………………………………………105

任务 4.4　AutoCAD 常用工具………………………………………106

4.4.1　绘图次序（draw order）…………………………………………106

4.4.2　查询………………………………………………………………107

操作训练………………………………………………………………117

项目 5　文字标注与尺寸标注………………………………………118

任务 5.1　文字标注…………………………………………………119

5.1.1　设置文字样式（style/ST）………………………………………119

5.1.2　标注单行文字（dtext/DT）………………………………………120

5.1.3　标注多行文字（mtext/MT）……………………………………121

5.1.4　特殊字符的输入…………………………………………………122

5.1.5　文字编辑（ddedit/ED）…………………………………………123

任务 5.2　尺寸标注…………………………………………………124

5.2.1　设置尺寸标注样式（dimstyle）…………………………………124

5.2.2　标注尺寸…………………………………………………………131

5.2.3　尺寸标注编辑……………………………………………………136

操作训练………………………………………………………………141

项目 6　建筑工程施工图的绘制……………………………………144

任务 6.1　绘图环境设置……………………………………………145

6.1.1　设置图形界限（limits）…………………………………………145

6.1.2　设置绘图单位……………………………………………………145

6.1.3　设置图层…………………………………………………………145

      6.1.4　设置文字样式 ··· 146

      6.1.5　对象捕捉方式 ··· 147

      6.1.6　存盘 ··· 148

  任务 6.2　建筑平面图的绘制 ·· 148

      6.2.1　建筑平面图的形成 ··· 148

      6.2.2　建筑平面图的主要内容 ·· 148

      6.2.3　平面图的图示方法及要求 ·· 148

      6.2.4　底层平面图的绘制过程 ·· 149

      6.2.5　二层平面图楼梯间的绘制 ·· 166

  任务 6.3　建筑立面图的绘制 ·· 167

      6.3.1　立面图的图示内容 ··· 168

      6.3.2　立面图的图示要求 ··· 168

      6.3.3　立面图的绘制步骤 ··· 168

      6.3.4　立面图的绘制过程 ··· 169

  任务 6.4　建筑剖面图的绘制 ·· 173

      6.4.1　建筑剖面图的主要内容 ·· 173

      6.4.2　剖面图的图示要求 ··· 173

      6.4.3　用 AutoCAD 绘制剖面图的步骤 ·· 174

      6.4.4　剖面图绘制过程 ··· 174

      6.4.5　楼梯剖面图绘制过程 ··· 177

  任务 6.5　墙身节点详图的绘制 ·· 181

      6.5.1　墙身节点详图的图示内容 ·· 181

      6.5.2　墙身节点详图的图示方法 ·· 182

      6.5.3　用 AutoCAD 绘制墙身详图步骤 ·· 182

      6.5.4　墙身详图绘制过程 ··· 182

项目 7　AutoCAD 图形的输出 ·· 186

  任务 7.1　模型空间与布局 ··· 187

      7.1.1　模型空间与图纸空间 ··· 187

      7.1.2　布局（layout/LO） ··· 187

  任务 7.2　AutoCAD 图形的输出 ·· 189

      7.2.1　打印样式 ··· 189

      7.2.2　打印设备 ··· 194

      7.2.3　打印（plot） ·· 198

  操作训练 ·· 202

项目 8　天正建筑平面图绘制 ·· 203

  任务 8.1　天正建筑 TArch 2014 简介 ·· 204

      8.1.1　天正建筑 TArch 2014 与 AutoCAD 的关系 ······································ 204

　　　8.1.2　天正建筑 TArch 2014 的操作界面·····································204

　任务 8.2　轴网和柱子·····································205
　　　8.2.1　轴网的创建·····································205
　　　8.2.2　轴网的标注与编辑·····································208
　　　8.2.3　轴号的编辑·····································210
　　　8.2.4　柱子的创建·····································210
　　　8.2.5　柱子的编辑·····································213

　任务 8.3　墙体和门窗·····································215
　　　8.3.1　墙体创建·····································215
　　　8.3.2　墙体编辑·····································217
　　　8.3.3　墙体编辑工具·····································220
　　　8.3.4　门窗创建·····································222
　　　8.3.5　门窗编号及门窗表·····································226

　任务 8.4　房间布置·····································228
　　　8.4.1　布置洁具·····································228
　　　8.4.2　布置隔断·····································229
　　　8.4.3　布置隔板·····································230

　任务 8.5　楼梯和电梯·····································230
　　　8.5.1　直线楼梯·····································230
　　　8.5.2　双跑楼梯·····································232
　　　8.5.3　电梯·····································234

　任务 8.6　文字和标注·····································236
　　　8.6.1　文字工具·····································236
　　　8.6.2　尺寸标注的创建·····································240
　　　8.6.3　尺寸标注的编辑·····································241
　　　8.6.4　标高标注·····································243

　操作训练·····································244

附录一　××办公楼建筑施工图·····································245

附录二　××住宅楼建筑施工图·····································251

附录三　建筑 CAD 常用简化命令·····································267

附录四　教学视频明细·····································268

主要参考文献·····································269

项 目

AutoCAD 2014 入门

▌学习目标　熟悉 AutoCAD 的用户界面及组成;

熟练运用文件管理命令;

熟练运用调用命令与结束命令;

熟练利用绘图辅助工具,提高绘图精度和质量;

熟练进行视窗的缩放与移动;

会设置 AutoCAD 绘图环境。

教学 PPT

项目任务

【项目任务 1】　工作界面设置:将图形窗口的背景颜色设为白色,将十字光标设置为 100%,设置图形的显示精度为 0、单位为 mm,将图形界限设为 297mm × 210mm。

【项目任务 2】　绘制图 1.1 所示图形,并运用"保存"命令,将文件保存到桌面的"CAD"文件夹,文件名为"综合实训 1.dwg"。

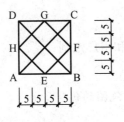

图 1.1

 了解 AutoCAD

1.1.1 AutoCAD 简介

AutoCAD 是美国 Autodesk 公司于 21 世纪 80 年代开发的计算机辅助绘图和设计软件（CAD 是 Computer Aided Design 的缩写，即计算机辅助设计）。该软件具有便捷的绘图功能、友好的用户界面、强大的二次开发能力以及方便可靠的硬件接口，具有使用方便，用途广泛等特点。经过几十年的发展，其功能不断增强与完善。目前，CAD 技术已经成为现代化工业设计中非常重要的技术，在机械、建筑、电子、航天、造船、石油化工等领域得到了广泛的应用。

1. AutoCAD 的主要功能

AutoCAD 是一个交互式绘图软件，是用于二维及三维设计、绘图的系统工具，用户可以使用它来创建、浏览、管理、打印、输出设计图形。

AutoCAD 软件具有以下主要功能：

- 完善的图形绘制功能。
- 强大的图形编辑功能。
- 强大的三维造型功能。
- 图形渲染功能。
- 提供数据和信息查询功能。
- 尺寸标注和文字输入功能。
- 图形输出功能。
- 支持不同方式的二次开发和用户定制。
- 支持多种图形格式的转换。

2. 使用 AutoCAD 软件绘制建筑图的优势

（1）制图的规范性

工程图样是工程界的一门技术语言，为了使图样具有通用性，国家制定了《建筑制图标准》（GB/T 50104—2010），对图样中的图幅、图框、标题栏、字体、尺寸标注、符号等都做了详细明确的规定。AutoCAD 在【格式】菜单中专门提供了设置绘图环境的命令，为图样的规范绘制提供了有力工具。

（2）图形的精确性

与传统手工绘图相比，AutoCAD 的一大优势是在绘图过程中大大减少了仪器测量和目测带来的误差，软件中提供的坐标输入、对象捕捉、极轴追踪等精确制图方式极大提高了绘图的精度。

（3）简单的绘图命令与强大的修改编辑功能

绝大多数的建筑形体都是具有一定规律的复杂形体，如窗户、楼梯等，如果采用手工绘图，工作量较大，而利用 AutoCAD 提供的绘图及编辑命令，可以先绘制形体中的基本对象，再用"镜像""复制"等编辑命令得到各种复杂形状，从而省去大量的重复工作。

在设计中，无论是建筑施工图还是结构施工图，都需要经过反复推敲、不断修改才能完成。若采用手工绘图，图纸绘制基本完成后，临时要修改设计方案，其过程将非常烦琐，而运用 AutoCAD 可以在原来的图形基础上进行灵活修改。

（4）适合创建标准的图形库

制图标准中规定了构配件的图例和标注符号的形状和尺寸，为了使之重复利用和快速编辑，可以将它们创建为"图块"（例如，对于块中形式类似的文本部分可以将其创建为带属性的"图块"；对于尺寸不同的图形可以将其创建为动态块），通过"设计中心"将图块复制到工具选项板上，以后可随时通过单击图标完成图块的调用。另外，"图块"编辑方便，只需修改其中一个"图块"的效果，然后重新定义"图块"，就可以达到所有同名"图块"外观的整体改变，使图中的相同元素保持一致。

1.1.2　AutoCAD 2014 的启动与退出

1. AutoCAD 2014 的启动

AutoCAD 2014 安装完毕后，启动 AutoCAD 有三种方式：桌面快捷方式、"开始"菜单方式、打开 dwg 类型文件。

图 1.2

- 桌面快捷方式

AutoCAD 2014 安装完毕后，Windows 桌面上将生成一个快捷方式，如图 1.2 所示。双击快捷方式图标即可启动 AutoCAD 2014。

- "开始"菜单方式

AutoCAD 2014 安装完毕后，Windows 系统的"开始/所有程序"菜单里将创建一个名为"AutoCAD 2014"的程序组，单击"AutoCAD 2014"即可启动 AutoCAD 2014。

- 打开 dwg 类型文件，双击任意一个 dwg 类型文件即可启动 AutoCAD 2014 程序，同时打开文件。

2. AutoCAD 2014 的退出

AutoCAD 2014 程序常用的退出方式有以下几种。

（1）程序按钮方式

单击 AutoCAD 界面右上角的【关闭】按钮，退出 AutoCAD 程序，如图 1.3 所示。

（2）菜单方式

单击【应用程序】按钮→【关闭】，或执行菜单栏上的【文件】→【退出】命令，退出 AutoCAD 程序，如图 1.3 所示。

（3）命令输入方式

在命令行输入"quit"，即可退出 AutoCAD 程序。

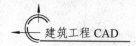

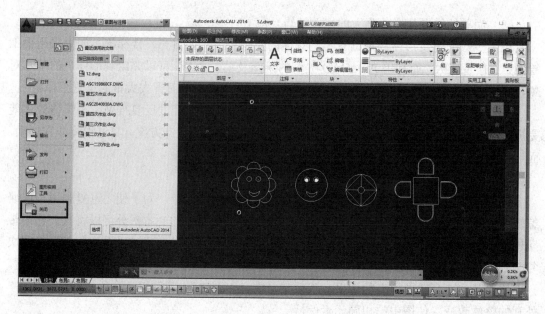

图 1.3

1.1.3　AutoCAD 2014 的用户界面

AutoCAD 2014 界面清晰、功能强大、操作简便，主要由【应用程序】按钮、【工作空间切换】按钮、快速访问工具栏、标题栏、功能区、绘图区、命令行和状态栏等元素组成，如图 1.4 所示。

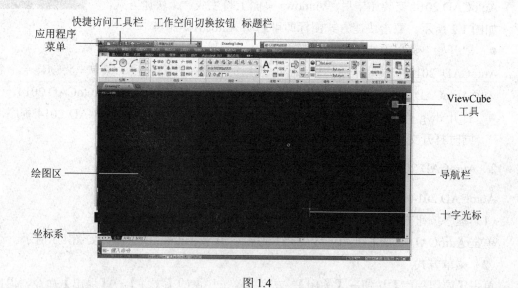

图 1.4

1.【应用程序】按钮

【应用程序】按钮位于 AutoCAD 2014 程序窗口的左上方位置处，在程序窗口中，单击

【应用程序】按钮，将打开应用程序菜单，在该菜单中可以快速进行图形文件的创建、打开、保存、制作电子传送集，还可以执行图形维护，例如核查、清理、准备带有密码和数字签名的图形、打印图形文件、发布图形文件以及退出 AutoCAD 2014 等操作。

通过应用程序菜单，可以轻松访问最近打开的文档，如图 1.5 所示。在【最近使用的文档】列表中，文档除了可按大小、类型和规则列表排序外，还可按照日期排序，只需选择相应的选项即可执行相应的操作。

2. 工作空间切换按钮

工作空间是由分组组织的菜单、工具栏、选项板、功能区组成的集合，使用户可以在面向任务的绘图环境中工作。选择不同的空间可以进行不同的操作，例如，在【三维基础】工作空间下，可以方便地进行简单的三维建模操作。AutoCAD 2014 提供了【草图与

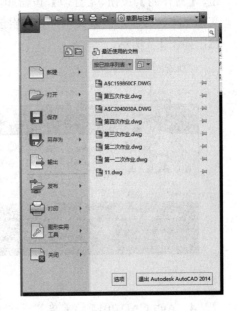

图 1.5

注释】【三维基础】【三维建模】和【AutoCAD 经典】四种工作空间模式。在这四种工作空间模式之间进行切换时，可以单击状态栏中的【工作空间切换】按钮，在弹出的菜单中选择相应的命令即可。

系统默认的工作空间模式为【草图与注释】，在此模式中可以看到其界面主要由【应用程序】菜单、标题栏、快速访问工具栏、绘图区、命令行和状态栏等元素组成，在该空间中方便绘制二维图形。而对于 AutoCAD 的老用户，更习惯于使用经典工作空间，可通过操作更改为 "AutoCAD 经典" 工作空间，如图 1.6 所示。

图 1.6

3. 标题栏

AutoCAD 2014 在标题栏前包含了最常用的操作快捷按钮，方便用户使用。在默认状态下，快速访问工具栏中有 6 个快捷工具，分别为【新建】按钮、【打开】按钮、【保存】按

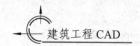

钮、【另存为】按钮、【打印】按钮和【放弃】按钮。标题栏中间是软件版本和当前打开的
文档名称，后面是搜索文本框、搜索按钮、Autodesk360 登录按钮、帮助按钮和窗口控制按
钮，如图 1.7 所示。

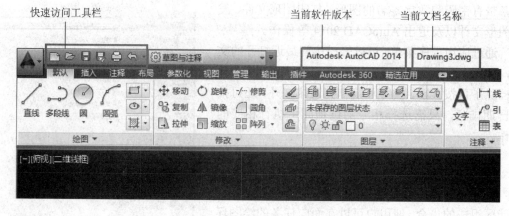

图 1.7

4．AutoCAD 2014 的菜单栏

在默认状态下，AutoCAD 2014 的工作空间中不显示菜单栏和工具栏。如果要显示菜单
栏，可以单击【切换工作空间】按钮右侧的黑三角按钮，在弹出的快捷菜单中选择【显示
菜单栏】命令，此时菜单栏便可以显示在标题栏的下方，如图 1.8 所示。

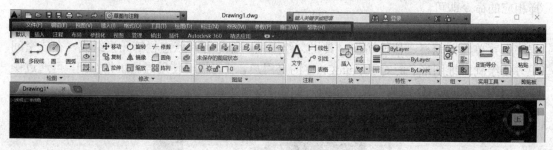

图 1.8

菜单栏分别为【文件】【编辑】【视图】【插入】【格式】【工具】【绘图】【标注】【修改】
【参数】【窗口】和【帮助】共 12 个菜单，单击任一菜单项，即弹出相应的下拉菜单，名菜
单内包含了 AutoCAD 几乎所有的核心命令和功能。

5．工具栏

工具栏是一组图标型工具的集合，其中每个图标都形象地显示出了该工具的作用。

AutoCAD 2014 共有 50 余种工具栏，在【草图与注释】工作空间中，会隐藏传统的工
具栏，只在功能区显示绘图、编辑、图层等工具栏。

单击【视图】选项卡→【工具栏】→【AutoCAD】按钮，以使 AutoCAD 2014 各工具
栏显示在绘图窗口中，如图 1.9 所示。

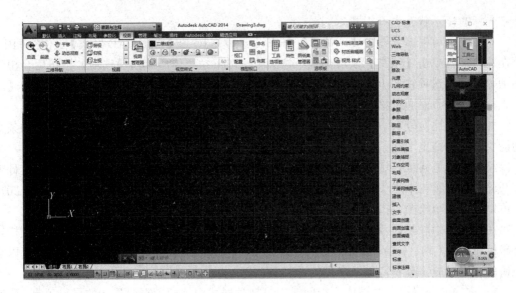

图 1.9

■ 小贴士

　　为使绘图更为方便，建议将菜单栏显示在标题栏的下方，绘图及编辑等常用工具栏显示在图形窗口中。

6. 功能区选项板

　　选项板位于绘图区的上方，是菜单和工具栏的主要替代工具，用于显示与基于任务的工作空间关联的按钮和空间。默认状态下，在【草图与注释】工作界面中，【功能区】选项板中包含【默认】【插入】【注释】【布局】【参数化】【视图】【管理】【输出】【插件】【Autodesk 360】和【精选应用】11 个选项卡，每个选项卡中包含若干个面板，每个面板中又包含许多命令按钮，如图 1.10 所示。

选项卡　　　　　　　　面板　　　　　　　命令按钮

图 1.10

7. 绘图区

　　工作界面中央的空白区域称为绘图窗口，也称为绘图区，是用户进行绘制工作的区域，所有的绘图结果都反映在这个窗口中。这是一个没有边界的无限大区域，用户可设置图形界限。

　　十字光标的中心点代表当前点的位置，中心点的正方形称为拾取框，十字光标和拾取框的大小均可调节。十字光标用于进行拾取点、选择对象等操作，在不同的操作状态下，

十字光标的显示状态也不相同。

十字光标可根据绘图需要或读者喜好来设定其大小,在【AutoCAD 经典】工作空间中,可在窗口上方单击【工具】以后出现下拉菜单,在下拉菜单中单击【选项】按钮后会出现选项窗口,在选项窗口上单击【显示】按钮后进入显示设置窗口,在显示窗口右边的【十字光标大小】下面通过移动标尺进行调节设定。

如果图纸比例较大,需要查看未显示的部分时,可以单击绘图区右侧与下侧滚动条上的箭头,或者拖曳滚动条上的滑块来移动图纸。

绘图窗口是 AutoCAD 中显示、绘制图形的主要场所。在 AutoCAD 中创建新图形文件或打开已有的图形文件时,都会产生相应的图形窗口来显示和编辑其内容。在 AutoCAD 2014 中可以显示多个绘图窗口。

在绘图区中除了显示当前的绘图结果外,还显示了当前使用的坐标系类型、导航栏以及坐标原点、X 轴、Y 轴、Z 轴的方向等。其中,导航栏是一种用户界面元素,用户可以从中访问通用导航工具和特定于产品的导航工具。

ViewCube 是用户在二维模型空间或三维视觉样式中处理图形时显示的导航工具。通过 ViewCube,用户可以在标准视图和等轴测视图间切换。

8. 命令行

命令行位于绘图区的下方,是 AutoCAD 与用户对话的一个平台。用于显示输入的命令和提示信息。用户在执行某一命令时,命令行和绘图区中会显示动态提示信息,以提示用户当前的操作状态。当命令行上只显示"命令"时,可以通过菜单命令、工具栏或键盘输入新的命令,如图 1.11 所示。

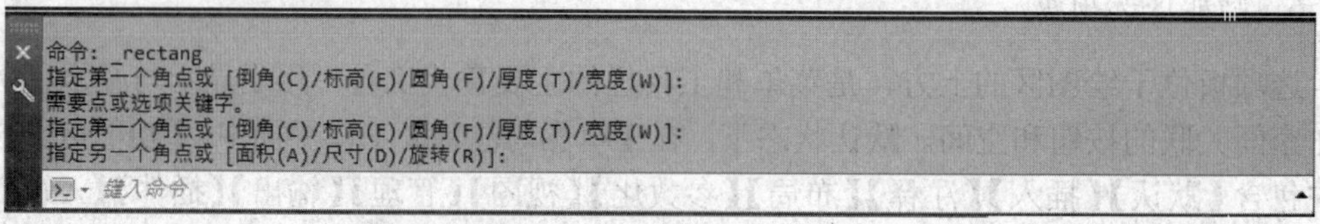

```
命令: _rectang
指定第一个角点或 [倒角(C)/标高(E)/圆角(F)/厚度(T)/宽度(W)]:
需要点或选项关键字。
指定第一个角点或 [倒角(C)/标高(E)/圆角(F)/厚度(T)/宽度(W)]:
指定另一个角点或 [面积(A)/尺寸(D)/旋转(R)]:

键入命令
```

图 1.11

■ 小贴士 ■

调用命令后,命令行中都会出现操作提示,用户只有根据命令行提示的操作方法进行操作,才可顺利完成全部绘图过程。

9. 状态栏

状态栏位于屏幕的底部,可以显示 AutoCAD 当前的状态,状态栏最左边的一组数字反映了当前十字光标的坐标,紧接坐标的按钮从左到右分别表示当前是否启动了推断约束、捕捉模式、栅格显示、正交模式、极轴追踪、对象捕捉、二维对象捕捉、对象捕捉追踪、允许/禁止动态、动态输入、显示/隐藏线宽、显示/隐藏透明度、快捷特性、选择循环和注释监视器,如图 1.12 所示。建筑制图中常用的有以下几种:

- 捕捉模式：按照设置的间距进行移动和精确定位，可提高绘图精度。
- 栅格显示：按照设置的间距以网格点显示设置的绘图区域，可提供距离和位置参照。
- 正交模式：将十字光标强行控制在水平或垂直方向上，用于绘制水平和垂直线段。
- 极轴追踪：按设置的增量角度及其倍数引出相应的极轴追踪虚线，进行精确定位。
- 对象捕捉：捕捉图形对象的圆心、端点、中点、垂足、切点等 13 个特征点。
- 对象追踪：以图形对象上的某些特征点作为参照点来追踪其他位置的点。
- DUCS：允许/禁止动态 UCS，UCS 为用户坐标。
- DYN：动态输入，在光标指针位置处显示坐标、标注输入和命令提示等。
- 显示隐藏线宽：在绘图区域显示线型的宽度，以识别不同的对象。

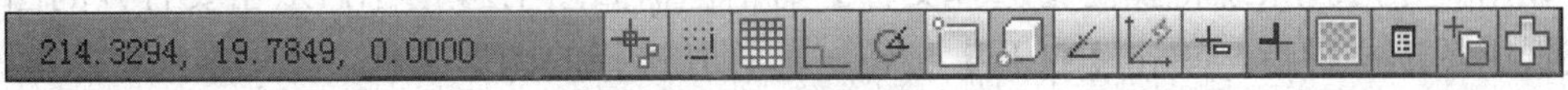

图 1.12

任务 1.2　AutoCAD 2014 图形文件管理

1.2.1　新建图形文件

应用 AutoCAD 2014 绘图时，首先要创建一个新图形文件，调用命令方法如下：

1）单击【应用程序】按钮，打开应用程序菜单，单击【新建】命令。

2）单击快速访问工具栏中【新建】的图标▢。

3）单击标准工具栏中【新建】的图标▢。

4）单击【文件】下拉菜单→【新建】。

5）命令行中输入 "new"。

调用命令后，系统将弹出【选择样板】对话框，如图 1.13 所示，用户可从列表框中选取合适的一种样板文件，然后单击【打开】按钮，即可在该样板文件上创建新图形。

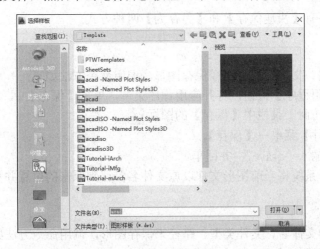

图 1.13

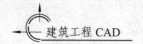

1.2.2 打开已有图形文件

当用户要对原有文件进行修改时，需要打开已有图形，调用命令方法如下：

1）单击【应用程序】按钮，打开应用程序菜单，单击【打开】。

2）单击快速访问工具栏中【打开】按钮 🗁 。

3）单击标准工具栏中【打开】按钮 🗁 。

4）单击【文件】菜单→【打开】。

5）命令行中输入"open"，并回车。

调用命令后，系统将弹出【选择文件】对话框，如图 1.14 所示。双击要打开的图形文件或选中图形文件后，单击【打开】按钮，即打开选择的图形文件。

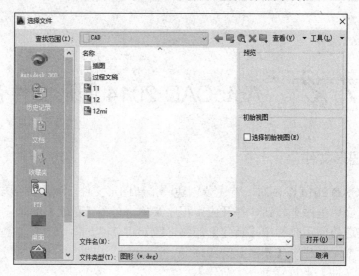

图 1.14

1.2.3 保存图形文件

保存图形文件有【快速保存】和【另存为】两种方式。

1. 快速保存

以当前文件名、文件类型、路径保存图形，调用命令方法如下：

1）单击【应用程序】按钮，打开应用程序菜单，单击【保存】。

2）单击快速访问工具栏中【保存】的图标 💾 。

3）单击【文件】菜单→【保存】。

4）命令行中输入"qsave"，并回车。

调用命令后，系统将当前图形文件以原文件名保存到原来的位置并覆盖原文件。

2. 另存为

可以指定新的文件名、文件类型、路径来保存图形，调用命令方法如下：

1）单击【应用程序】按钮，打开应用程序菜单，选择【另存为】。

2）单击快速访问工具栏中的【另存为】按钮![按钮]。

3）单击【文件】菜单→【另存为】。

4）命令行中输入 "save as"。

调用命令后，系统将弹出【图形另存为】对话框，如图 1.15 所示。在文件名栏输入文件的新名称，并指定该文件保存的新路径和文件类型，单击【保存】按钮保存为另一文件。

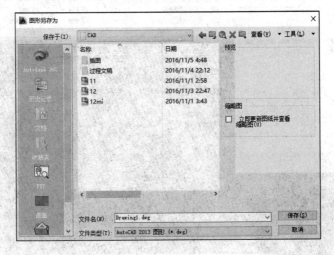

图 1.15

1.2.4　关闭图形文件

保存图形文件后可将图形文件关闭，调用命令方法如下：

1）单击【应用程序】按钮，打开应用程序菜单，选择【关闭】。

2）单击【文件】菜单→【退出】。

3）命令行中输入 "close"。

如果图形文件没有保存，系统将弹出【AutoCAD】对话框，如图 1.16 所示。单击【是】按钮保存并关闭文件。

图 1.16

任务 *1.3* AutoCAD 命令的调用与结束

1.3.1　AutoCAD 命令调用

调用命令就是向 AutoCAD 发出指令，以完成某种操作。AutoCAD 命令种类繁多，功能复杂，输入方式各异，参数和子命令各不相同。因此，选择合理的调用方法，可以提高绘图的效率，常用的命令输入设备有鼠标和键盘。AutoCAD 的同一个命令具有多种启动方式，可以灵活运用，一般有以下四种，这里以 "直线" 命令为例说明。

1. 选项板方式

选择功能区：执行【默认】选项卡→【绘图】面板→【直线】命令，如图 1.17 所示。

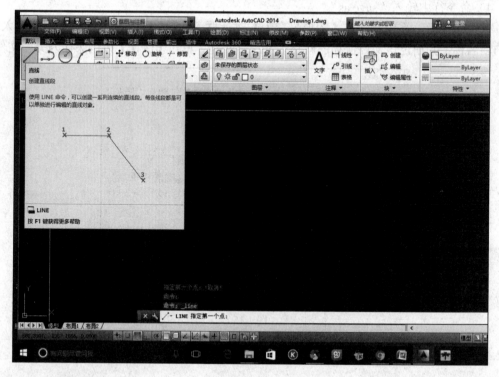

图 1.17

2. 菜单栏命令方式

从下拉菜单中选择要输入的命令项，执行【绘图】→【直线】菜单命令，如图 1.18 所示。

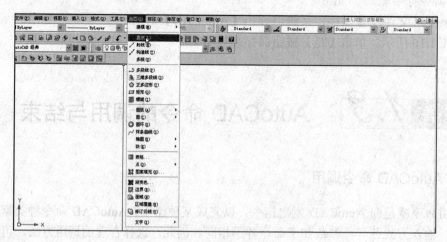

图 1.18

3．右键快捷菜单

在命令行或图形窗口中右击，在弹出的右键快捷菜单中选择【最近的输入】命令，可以查看最近使用过程命令，如图 1.19 所示。

4．通过键盘在命令行输入命令

使用键盘输入来调用命令进行绘图是最常用的一种绘图方法。在命令提示区的命令行中输入所需要的命令名（字母大小写等价），然后根据提示作出相应回答即可完成绘图。

例如，绘制图形直线时，可以输入"LINE"或"L"，LINE 是调用直线命令的完整命令名，L 为简化命令，可以输入任意一种形式来调用直线

图 1.19

命令，按键盘的"Enter"键确认，然后根据提示进行绘图即可，如图 1.20 所示。

图 1.20

1.3.2　退出正在执行的命令

在使用 AutoCAD 2014 进行绘图的过程中，可以随时退出正在执行的命令。退出正在执行的命令有以下几种方法。

1．按键盘上的"Esc"键

在执行某个命令时，可以随时按键盘上的"Esc"键即可退出该命令。

2．按键盘上的"Enter"键

可以按键盘上的"Enter"键来结束某些命令，有时可能需要按两次或者多次"Enter"键才能结束。

3．使用鼠标右键

在执行命令时，在对应窗口中右击，在弹出的快捷菜单中选择【取消】，即可结束正在执行的命令。

1.3.3　取消已经执行完的命令

在使用 AutoCAD 2014 进行绘图的过程中，如果出现错误需要修正时，有多种方法可以取消上一步的操作，再重新进行绘制。取消已经执行的命令有以下几种方法。

1. 使用快速访问工具栏中的【放弃】按钮

单击快速访问工具栏中的【放弃】按钮，取消上一步的操作。如果需要取消前面已经执行的多步操作，可以反复单击【放弃】按钮，或者单击按钮旁边的下拉箭头，弹出下拉菜单，选择所要取消的操作。

2. 使用快捷菜单

右击，在弹出的快捷菜单中选择【放弃】命令，也可以取消上一步操作。反复选择此命令可以取消前面多步操作。

3. 使用键盘命令

在命令行中输入命令"UNDO"可以取消上一步操作。如果需要取消前面多步操作，可以反复输入命令"UNDO"或"U"，进行取消操作。

在取消了前面几步操作之后，想要恢复已经取消的命令可以使用快速访问工具栏中的【重做】按钮，单击【标准】工具栏中的"重做"按钮，可恢复上一步已取消的操作。也可以使用键盘输入命令，输入命令"REDO"进行重做，但只能重做上一步取消的内容。

任务 1.4　认识 AutoCAD 2014 绘图辅助工具

1.4.1　AutoCAD 的绘图过程

AutoCAD 2014 绘图一般按照以下顺序进行。

1. 环境设置

环境设置包括图形界限、单位、捕捉间隔、对象捕捉方式、尺寸样式、文字样式和图层等的设定。对于单张图纸，其中文字和尺寸样式的设定也可以在使用时随时设定；对于整套图纸，应当全部设定完后保存成模板，以便后续绘制新图时套用该模板。

2. 绘制图形和编辑图形

每张建筑工程施工图纸均包含大量图形元素，在进行绘制时应分图层绘制和管理，每一图层中一般先绘制简单图形，注意采用必要的捕捉、追踪等功能进行精确绘图，然后充分发挥编辑命令和辅助绘图命令的优势，将简单图形编辑为各类复杂的施工图。

3. 绘制填充图案

对于一些建筑施工图中需要通过不同图案来表示不同材质或装修时的做法时，应在图形绘制完毕后，进行图案填充。

4. 书写文字说明及标注尺寸

运用文字输入功能在图纸中书写必要的文字说明，运用标注命令标注图样中全部尺寸，具体应根据图形的种类和要求来标注。

5. 保存图形、输出图形

绘图完毕，应首先保存图形，需要时在布局窗口中设置好后输出或拷贝。

1.4.2　设置图形界限

图形界限就是用户的工作区域和图纸的边界，AutoCAD 工作界面的图形窗口范围没有界限，但绘制的图形大小有限，为了更好地显示图形和方便操作，需要在绘图之前设置图形界限。

【例 1.1】在 AutoCAD 2014 中，设置如图 1.21 所示的图形界限。

（1）执行方式

1）单击【格式】在下拉菜单中选择【图形界限】。

2）在命令行中输入"limits"并回车。

图 1.21

（2）操作过程

单击【格式】在下拉菜单中选择【图形界限】命令。

系统提示：

指定左下角点或 [开(ON)/关(OFF)] <0.0000,0.0000>:设置图形界限左下角的位置，默认值为(0.0000,0.0000)，（用户可回车接受其默认值或输入新值）

指定右上角点<420.0000,2970000>:59400,42000，（可以接受其默认值或输入一个新坐标以确定绘图界限的右上角位置）

命令：z↙（在命令行中输入"z"并回车）

[ZOOM]，指定窗口的角点，输入比例因子 (nX 或 nXP)，或者[全部(A)/中心(C)/动态(D)/范围(E)/上一个(P)/比例(S)/窗口(W)/对象(O)] <实时>:A↙（图形界限充满屏幕显示）

通过以上操作，图形界限设置完毕。

▪小贴士

图形界限的大小应根据所绘图的大小确定，也可以按照图纸大小确定。由于绘图时是按照 1:1 绘制，因此图纸尺寸应为图幅尺寸乘以出图比例。

1.4.3　视窗的缩放与移动

使用 AutoCAD 绘图时，由于显示器大小的限制，往往无法看清图形的细节，也就无法准确地绘图。为此，AutoCAD 2014 提供了多种改变图形显示的方式。

绘图时所能看到的图形都处在视窗中。利用视窗缩放(zoom)功能，可以改变图形实体在视窗中显示的大小，从而方便地观察在当前视窗中较大或较小的图形，能准确地进行绘制实体、捕捉目标等操作。它的功能如同照相机的可变焦镜头，能够放大或缩小当前窗口中观察对象的视觉尺寸，而其实际尺寸并不改变。

1. Zoom 命令

启动 Zoom 命令有以下三种方式。

（1）下拉菜单方式

执行【视图】→【缩放】菜单命令，打开 Zoom 子菜单，在其中可选择相应的 Zoom 命令，如图 1.22 所示。

（2）选项板方式

单击功能区【视图】选项卡→【范围】按钮启动命令，选择相应命令，如图 1.23 所示。

图 1.22

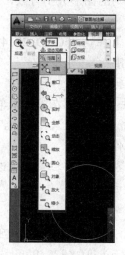

图 1.23

（3）在命令行中输入"zoom"或"Z"并回车

启动 Zoom 命令之后，Zoom 命令在命令行出现如下提示信息，共包括了 Zoom 命令的 8 个选项。

指定窗口角点，输入比例因子 (nX 或 nXP)，或[全部(A)/中心(C)/动态(D)/范围(E)/上一个(P)/比例(S)/窗口(W)/对象(O)] <实时>:

下面对这 8 个选项分别进行介绍。

- 全部（A），选择 All 选项，将依照图形界限（Limits）或图形范围（Extents）的尺寸，在绘图区域内显示图形。图形界限与图形范围中哪个尺寸大，便由哪个决定图形显示尺寸，即图形文件中若有图形实体处在图形界限以外的位置，便由图形范围决定显示尺寸，将所有图形实体都显示出来。

- 中心（C），选择 Center 项，AutoCAD 将根据所确立的中心点调整视图。选择 Center 选项后，用户可直接用鼠标在屏幕选择一个点作为新的中心点。确定中心点后，AutoCAD 要求输入放大系数或新视图的高度。如果在输入的数值后面加一个字母 X，则此输入值为放大倍数；如果未加 X，则 AutoCAD 将这一数值作为新视图的高度。

- 动态（D），选择 DYN 项，先临时将图形全部显示出来，同时自动构造一个可移动的视图框（该视图框通过切换后可以成为可缩放的视图框），用此视图框来选择图形的某一部分作为下一屏幕上的视图。在该方式下，屏幕将临时切换到虚拟显示屏状态。

- 范围（E），Extents 选项将所有图形全部显示在屏幕上，并最大限度地充满整个屏幕。这种方式会引起图形再生，显示速度较慢。

- 上一个（P），使用 Zoom 命令缩放视图后，以前的视图便被 AutoCAD 自动保存起来，AutoCAD 一般可保存最近的 10 个视图。选择 Previous 方式，将返回上一视图，连续使用 Previous 命令，将逐步退回，直至前 10 个视图逐个返回。若在当前视图中删除了某些实体，则使用 Previous 方式返回上一视图后，该视图中不再有这些图形实体。

- 比例（S），选择 Scale 方式，可根据需要比例放大或缩小当前视图，且视图的中心点保持不变。选择 Scale 后，AutoCAD 要求用户输入缩放比例倍数。输入倍数的方式有两种：一种是数字后加字母 X，表示相对于当前视图的缩放倍数；一种是只有数字，该数字表示相对于图形界限的倍数。一般来说，相对于当前视图的缩放倍数比较直观，且容易掌握，因此比较常用。

- 窗口（W），该选项可直接用 Window 方式选择下一视图区域。当选择框的宽高比与绘图区的宽高比不同时，AutoCAD 使用选择框宽与高中相对当前视图放大倍数较小者，以确保所选区域都能显示在视图中。事实上，选择框的高宽比几乎都不同于绘图区，因此选择框外附近的图形实体也可以出现在下一视图中。

- 对象（O），通过 Object 选项可直接选择实体对象，并将所选择的所有对象最大化地出现在视图中。

2. Pan（视窗平移）

使用 AutoCAD 绘图时，当前图形文件中的所有图形实体并不一定全部显示在屏幕内，如果想查看当前屏幕外的实体，可以使用平移命令 Pan。Pan 比缩放视图视窗要快得多，操作直观、形象而且简便。

启动【Pan】命令有以下三种方法：

1）单击【视图】下拉菜单中的【平移】启动命令。

2）单击标准工具栏上的按钮 ✋。

3）在命令行 Command 提示下，输入"Pan/P"，并回车。

此时屏幕上出现图标，拖动鼠标，即可移动图形显示，等同于在图板上推动图纸一样。

任务 *1.5*　图形精确绘制与简单编辑

二维平面图中
点坐标的输入
（视频）

1.5.1　AutoCAD 2014 坐标系及应用

1. AutoCAD 2014 坐标系

AutoCAD 采用三维笛卡儿直角坐标系来确定点的位置，坐标系统可以分为世界坐标

系（WCS）和用户坐标系（UCS）。

世界坐标系。世界坐标系（World Coordinate System，WCS）是 AutoCAD 的默认坐标系。它由 3 个互相垂直并相交的 X、Y、Z 轴组成。在绘图区的左下角显示了 WCS 图标，X 轴正方向水平向右，Y 轴正方向垂直向上，Z 轴正方向垂直于 XOY 平面并向外指向操作者。坐标原点在绘图区左下角默认为（0，0，0）。WCS 的坐标原点和坐标轴是固定的，不会随用户的操作而发生变化。

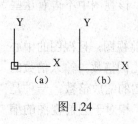

图 1.24

用户坐标系。AutoCAD 提供了可变的用户坐标系（User Coordinate System，UCS）以方便绘制图形,在默认情况下用户坐标系统 UCS 与世界坐标系统 WCS 相重合。在绘图过程中，能根据需要以世界坐标系中的任意位置和方向定义用户坐标系统 UCS。通过观察绘图窗口左下角的坐标系图标的样式，可区分和判别当前坐标系类型。它们的区别如图 1.24 所示，图 1.24（a）图标中 X、Y 坐标轴的交点处有一个小方格"口"，是世界坐标系，图 1.24（b）图标中没有小方格，是用户坐标系。

2. 点坐标的键盘输入

工程图纸的内容需要精确绘制，准确定位，任何简单或复杂的图形，都是由不同位置的点，以及点与点之间的连接线（直线或弧线）组合而成的。所以确定图形中各点的位置，是首先要学习的内容。

AutoCAD 确定点的位置一般可采用三种方法：在绘图窗口中左击鼠标确定点的位置；用键盘输入点的坐标，确定点的位置；在目标捕捉方式下，捕捉一些已有图形的特征点，如端点、中点、圆心等。

本任务主要讲述第二种方法，用键盘输入点的坐标，确定点的位置。

在坐标系中确定点位置的坐标表达方式主要有直角坐标、极坐标、柱面坐标和球面坐标四种方式。其中，直角坐标、极坐标主要适用于绘制二维平面图形，而柱面坐标和球面坐标适用于绘制三维图形。

以上四种坐标表达方式又有绝对坐标、相对坐标两种表达形式。

绝对坐标是以当前坐标系的原点（0，0，0）为基准点，定位所有的点。图形中的任意一个点的绝对坐标值只有一个，对于较复杂的图形，使用绝对坐标操作较为不便。

相对坐标是将图形中的某一特定点作为原点，用两点间的相对位置确定新点的位置。使用相对坐标是绘图中定点的主要方法。相对坐标与绝对坐标的表示区别在于，相对坐标需要在坐标值的前面加上"@"符号。

3. 直角坐标的应用

（1）绝对直角坐标

输入点的（X，Y，Z）坐标，在二维图形中，Z 可省略。如（30,20）表示点的坐标为（30,20,0）。

（2）相对直角坐标

输入点的相对坐标，必须在前面加上"@"，如"@（16,18）是指该点相对于上一点，

沿 X 方向移动 16，沿 Y 方向移动 18。

【例 1.2】运用绝对坐标绘制一条直线，如图 1.25 所示。

操作及命令行提示如下：

单击绘图工具栏中的直线图标 ∕。

```
命令：_line↙
指定第一点：(50,80) ↙          (输入 A 点绝对坐标)
指定下一点或 [放弃(U)]:100,200↙  (输入 B 点绝对坐标)
指定下一点或 [放弃(U)]：↙       (回车结束命令)
```

【例 1.3】运用相对坐标绘制一条直线，如图 1.26 所示。

操作及命令行提示如下：

单击绘图工具栏中直线的图标 ∕。

```
命令：_line↙
指定第一点：单击任意点一点           (最方便的第一点输入方式)
指定下一点或 [放弃(U)]：@100,100     (输入相对于 A 点的相对坐标)
指定下一点或 [放弃(U)]：↙           (回车结束命令)
```

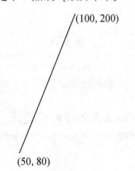

图 1.25

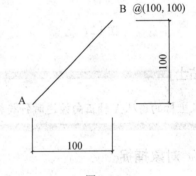

图 1.26

4．极坐标的应用

（1）绝对极坐标

给定距离和角度，在距离和角度中间加"<"符号，且规定 X 轴正向为 0°，Y 轴正向为 90°。如"44<30"，指距原点 44，与 X 轴正向夹角 30°的点。

（2）相对极坐标

在距离前加"@"符号，如"@44<30"，指输入的点距上一点的距离为 44，和上一点的连线与 X 轴正向成 30°。

【例 1.4】运用绝对极坐标绘制一条直线，如图 1.27 所示。

操作及命令行提示如下：

单击绘图工具栏中直线的图标 ∕；

```
命令行：_line↙
指定第一点：50<45↙                 (输入 A 点绝对极坐标)
```

指定下一点或 [放弃(U)]: 200<75✓   (输入 B 点绝对极坐标)

指定下一点或 [放弃(U)]: ✓   (回车结束命令)

【例1.5】 运用相对极坐标绘制一条直线，如图 1.28 所示。

操作及命令行提示如下：

单击绘图工具栏中直线的图标 。

命令: _line✓

指定第一点：单击任意一点   (最方便的第一点输入方式)

指定下一点或 [放弃(U)]: @200<45✓   (输入相对于 A 点的相对极坐标)

指定下一点或 [放弃(U)]: ✓   (回车结束命令)

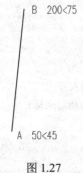

图 1.27

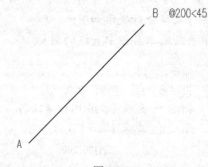

图 1.28

■ **小贴士**

极坐标的角从 X 轴正向按逆时针旋转，角度为正；从 X 轴正向按顺时针旋转，角度为负。

1.5.2　对象捕捉

在手工绘图中，控制精确度主要靠绘图工具和认真观察，会有一定的误差。图纸增大，误差便会相应越大。在 AutoCAD 绘图中，利用对象捕捉来控制精确性，可最大限度地控制误差。对象捕捉可将十字光标强制性地准确定位在已存在实体的特定点或特定位置上。形象地说，对于屏幕上两条直线的一个交点，若要以这个交点为起点再绘直线，就要求能准确地把光标定位在这个交点上，这仅靠眼睛观察是很难做到的。若利用交点捕捉功能，只需把交点置于选择框内，或选择框的附近便可准确地确定在交点上，从而保证了绘图的精确度。

1. 对象捕捉操作方式

（1）鼠标方式

单击【对象捕捉】按钮，开启或关闭对象捕捉功能，右击状态栏上的【对象捕捉】按钮，打开对象捕捉工具栏。

（2）下拉菜单方式

单击【工具】下拉菜单→【工具栏】→【对象捕捉】按钮，如图 1.29 所示。

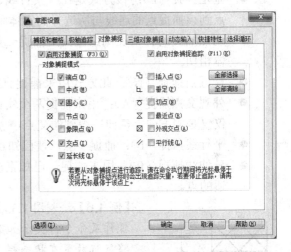

图 1.29

（3）快捷菜单方式

在图形窗口中，做"Shift+鼠标右键"操作（按住 Shift 键不放并右击），可弹出【对象捕捉】快捷菜单，移动鼠标到指定命令后单击，就可激活捕捉相应对象的功能，如图 1.30 所示。

2. 自定义对象捕捉模式

频繁地调用快捷菜单和工具栏捕捉对象操作效率较低，精通 AutoCAD 者通常采用自定义对象捕捉模式，以达到优化捕捉操作的目的。自定义模式允许用户同时定义多个捕捉特征点，这样就可避免频繁而重复调用，提高绘图效率。自定义对象捕捉模式的步骤如下：

1）调出【对象捕捉】选项卡。右击状态栏【对象捕捉】按钮，如图 1.31 所示，单击【设置（s）…】，在打开的【草图设置】对话框中，找到【对象捕捉】选项卡，如图 1.32 所示。

图 1.30

图 1.31

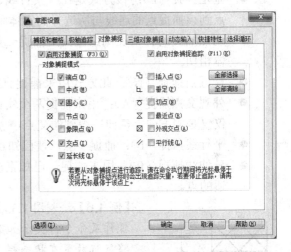

图 1.32

2）勾选特征点。AutoCAD 为用户提供了 13 种特征点。被捕捉点为"端点"时，显示符为"口"；被捕捉点为"中点"时，显示符为"△"。命令执行过程中，系统自动捕捉离鼠标最近的特征点，并显示被捕捉点的"显示符"提示供用户判别，AutoCAD 所提供的对象捕捉功能，均是对绘图中控制点的捕捉而言的，对于反复调用的特征点可进行勾选，以便随时捕捉。

3. 自定义对象捕捉方式

AutoCAD 2014 共有 13 种对象捕捉方式，如图 1.32 所示。下面分别对这 13 种捕捉方式加以介绍。

● 端点捕捉（E）：用来捕捉实体的端点，该实体可以是一段直线，也可以是一段圆弧。捕捉时，将靶区（拾取框）移至所需端点所在的一侧，单击便可。靶区总是

捕捉它所靠近的端点。

- 中点捕捉（**M**）：用来捕捉一条直线或圆弧的中点。捕捉时只需将靶区放在直线上即可，而不一定放在中部。
- 圆心捕捉（**C**）：使用圆心捕捉方式，可以捕捉一个圆、弧或圆环的圆心。捕捉圆心时，一定要用拾取框选择圆或弧本身而非直接选择圆心部位，此时光标便自动放在圆心闪烁。
- 节点捕捉（**N**）：用来捕捉点实体或节点。使用时，需将靶区放在节点位置。
- 象限点捕捉（**Q**）：捕捉圆、圆环或弧在整个圆周上的四分点。一个圆四等分后，每一部分称为一个象限，象限在圆的连接部位即是象限点。靶区总是捕捉离它最近的象限点。
- 交点捕捉（**I**）：该方式用来捕捉实体的交点，这种方式要求实体在空间内必须有一个真实的交点，无论交点目前是否存在，只要延长之后相交于一点即可。捕捉交点时，交点必须位于靶区内。
- 插入点捕捉（**I**）：用来捕捉一个文本或图块的插入点，对于文本来说即是其定位点。
- 垂足捕捉（**P**）：该方式是在一条直线、圆弧或圆上捕捉一个点，从当前已选定的点到该捕捉点的连线与所选择的实体垂直。
- 切点捕捉（**T**）：在圆或圆弧上捕捉一点，使这一点和已确定的另外一点连线与实体相切。
- 最近点捕捉（**N**）：此方式用来捕捉直线、弧或其他实体上离靶区中心最近的点。
- 外观交点捕捉（**A**）：用来捕捉两个实体的延伸交点。该交点在图上并不存在，而仅仅是同方向上延伸后得到的交点。
- 平行线捕捉（**P**）：捕捉一点，使已知点与该点的连线与一条已知直线平行。
- 延伸线捕捉（**E**）：用来捕捉一已知直线延长线上的点，即在该延长线上选择出合适的点。

【例 1.6】绘制图 1.33 所示的图形。

操作及命令行提示如下：

将鼠标放置在状态栏【对象捕捉】按钮处，右击，单击【设置】调用【对象捕捉】选项卡。

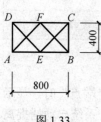

图 1.33

勾选特征点：端点、中点、交点，分别单击确定。

鼠标方式：单击状态栏上的【对象捕捉】按钮。

单击绘图工具栏中直线的图标 ✏️。

```
命令: _line ↙
指定第一点: 单击鼠标左键任选一点 Z        (最方便的第一点输入方式)
指定下一点或 [放弃(U)]: @(800,0)↙        (输入 B 点相对于 A 点的相对直角坐标，绘出 AB)
指定下一点或 [放弃(U)]: @(0,400)↙        (输入 C 点相对于 B 点的相对直角坐标，绘出 BC)
指定下一点或 [放弃(U)]: @(-800,0)↙       (输入 D 点相对于 C 点的相对直角坐标，绘出 CD)
指定下一点或 [放弃(U)]: @(0,-400)↙       (输入 A 点相对于 D 点的相对直角坐标，绘出 DA)
指定下一点或 [放弃(U)]: [单击 F 点附近，即可捕捉到 F 点        (绘出 AF)]
```

指定下一点或 [放弃(U)]：[单击 B 点附近，即可捕捉到 B 点(绘出 FB)]

指定下一点或 [放弃(U)]：✓ 结束直线命令

单击鼠标右键，调出快捷菜单，单击"重复 line"

指定第一点 : 单击 C 点附近，即可捕捉到 C 点；

指定下一点或 [放弃(U)]：[单击 E 点附近，即可捕捉到 E 点(绘出 CE)]

指定下一点或 [放弃(U)]：[单击 D 点附近，即可捕捉到 D 点(绘出 ED)]

指定下一点或 [放弃(U)]：✓ 结束直线命令

1.5.3　正交和栅格

在实际绘图中，用鼠标定位虽然方便快捷，但精度不高，绘制的图形也不精确，远远不能满足工程制图的要求。因此，AutoCAD 提供了一些绘图辅助工具，如正交(Ortho)、栅格(Grid)等来帮助用户精确绘图。

1. 正交

用鼠标来画水平和垂直线时，若单凭观察，稍有偏差，就会造成水平线不水平，垂直线不垂直的情况。为解决该问题，AutoCAD 提供了一个正交(Ortho)功能，即在正交模式下，可使绘制直线或移动对象等操作只能沿 X 轴或 Y 轴进行，从而操作被强行限制在这两个方向，以保证在正交功能下绘制的直线，彼此互相平行或垂直。正交功能可解决建筑图形中图形对象具有横平竖直的问题，而且正交功能可以在命令执行过程中随时激活和关闭。所以正交功能的灵活运用，可大大提高绘图效率。

执行正交功能可以选择以下任一操作。

● 在状态栏上单击【正交】按钮。当状态栏【正交】按钮凹下时，表示正交功能被激活，【正交】按钮凸起时表示正交功能处于关闭状态。

● 按下键盘上的<F8>键。

运用正交，可以直接给定水平和垂直方向的距离，确定点的位置。

【例 1.7】绘制图 1.34 所示图形。

操作及命令行提示如下：

单击【状态栏】→【正交】按钮→打开【正交】；

命令行：_line✓

指定第一点：单击鼠标左键任选一点作为 D 点　　　(最方便的第一点输入方式)；

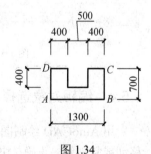

图 1.34

指定下一点或 [放弃(U)]：700✓ （光标垂直向下）；

指定下一点或 [放弃(U)]：1300✓ （光标水平向右）；

指定下一点或 [放弃(U)]：700 ✓ （光标垂直向上）；

指定下一点或 [放弃(U)]：400✓ （光标水平向左）；

指定下一点或 [放弃(U)]：400✓ （光标垂直向下）；

指定下一点或 [放弃(U)]：400✓ （光标水平向左）；

指定下一点或 [放弃(U)]：400✓ （光标垂直向上）；

命令行：C✓　　　　　　　　　　　（闭合）

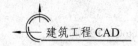

2. 栅格

栅格（Gird）是一种可见的位置参考图标，由一系列排列规则的点组成，它类似于方格纸，有助于定位。当栅格和捕捉配合使用时，对于提高绘图精确度有重要作用。图 1.35 所示为栅格打开状态时的绘图区。

用户可在【草图设置】对话框（图 1.36）中进行栅格和捕捉的设置。打开该对话框有以下三种方法。

1）单击【工具】下拉菜单中的【草图设置】启动命令。

2）在命令行中输入"dsettings"并回车。

3）鼠标在任意绘图辅助工具按钮上右击，选择【设置】。

用户可在【草图设置】对话框中设置栅格的密度和开启状态。在该对话框中的【栅格间距】选项组内有两个文本框，可以在【栅格 X 轴间距】的文本框内输入栅格点阵在 X 轴方向的间距，在【栅格 Y 轴间距】文本框内输入 Y 轴方向的间距。在【草图设置】对话框左下部的【捕捉类型】选项组中，可以设置捕捉类型。

栅格只是一种辅助定位图形，不是图形文件的组成部分，只显示在绘图界限范围之内，不能打印输出。通常，栅格和栅格捕捉配合使用。

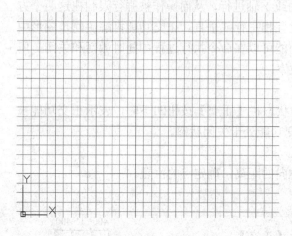

图 1.35

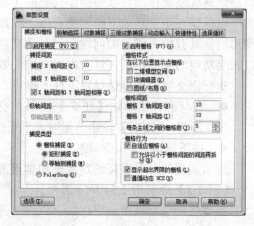

图 1.36

1.5.4 编辑对象选择

用 AutoCAD 绘制图形过程中，经常要选择图形或图形的一部分执行编辑操作，如删除、移动或复制等。正确、快捷地选择目标对象是进行图形编辑的基础。用户选择实体对象后，该实体将呈高亮虚线显示，如图 1.37（a）所示，即组成实体的边界轮廓线，开始的实线变成虚线，这样可明显地和那些未被选中的实体区分开，如图 1.37（b）所示。

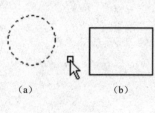

（a）　　　　（b）

图 1.37

1. 用拾取框选择单个实体

当用户执行编辑命令后，十字光标被一个小正方形框所取代，并出现在当前光标位置处。在 AutoCAD 中，这个小正方形框被称为拾取框（Pick box）。将拾取框移至编辑的目标上，单击，即可选中目标，此时被选中的目标呈现虚线高亮显示，如图 1.37（a）所示。

2. 窗口方式和交叉方式

除了可用单击拾取框方式选择单个实体外，AutoCAD 还提供了矩形选择框方式来选择多个实体。矩形选择框方式包括窗口（Window）方式和交叉（Crossing）方式。这两种方式既有联系，又有区别。

（1）窗口（Window）方式

执行编辑命令后，在"Select objects"提示下单击，选择第一对角点（First corner），从左向右移动鼠标至恰当位置，再单击，选取另一对角点（Other corner），即可看到绘图区内出现一个实线的矩形，称之为窗口（Window）方式下的矩形选择框，如图 1.38（a）所示。此时，只有全部被包含在该选择框中的实体目标才被选中，如图 1.38（b）所示。

（2）交叉（Crossing）方式

执行编辑命令后，在"Select objects"提示下单击，选取第一对角点（First corner），从右向左移动鼠标，再单击，选取另一对角点（Other corner），即可看到绘图区内出现一个呈虚线的矩形，称之为交叉（Crossing）方式下的矩形选择框，如图 1.39（a）所示。此时完全包含在矩形选择框之内的实体以及与选择框部分相交的实体均被选中，如图 1.39（b）所示。

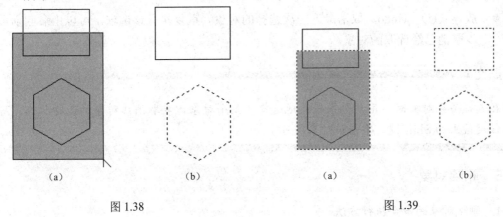

| (a) | (b) | (a) | (b) |

图 1.38　　　　　　　　　　　　　　　　图 1.39

（3）选项方式

上面所讲的两大类型三种选择方式是 AutoCAD 的默认设置，其他选择方式则需要通过选项的形式来实现。

在命令行【选择对象】提示后，直接输入"?"后按 Enter 键，就会在命令窗口中出现以下提示：

窗口（W）/上一个（L）/窗交（C）/框（BOX）/全部（ALL）/栏选（F）/圈围（WP）/圈交（CP）/编组（G）/添加（A）/删除（R）/多个（M）/前一个（P）/放弃（U）/自动（Au）/单个（SI）。

提示行中各选项之间用"/"符号分隔，在【选择对象】提示后输入各选项括号内的单词，按 Enter 键，就可启动对应选项功能。

窗口（W）和窗交（C）选项对应上述的窗选方式，其他各选项的功能含义简介如下：

- 上一个（L），是把用户最后绘制的图形对象加入选择集。
- 框（BOX），是 Window 和 Crossing 选择方式的综合，根据定点顺序自动指定两种窗口形式中的一种。
- 全部（ALL），表示选择所有可选对象。
- 栏选（F），要求用户在绘图区指定一条栅栏线（栅栏线可以由多条直线组成，折线可以不闭合），凡与栅栏线相交的对象均被选中。
- 圈围（WP），同 Window 窗口功能一样，区别在于 Window 窗口为矩形，而 WPolygon 窗口可以是任意的。
- 圈交（CP），同 Crossing 窗口功能一样，区别在于 Crossing 窗口为矩形，而 CPolygon 窗口可以是任意的多边形。
- 编组（G），按对象组选择对象，首先必须有已经构建好的对象组，构建对象组的命令为"Group"，可参照命令说明。
- 添加（A），Add，将选择的对象移入选择集，通常和 Remove 方式配合使用。
- 移除（R），Remove，将选择的对象移出选择集。
- 多个（M），Multiple，用户指定多个点来选择对象，但选中的对象并不立即呈虚线高亮显示，只有当按 Enter 键确认多重选择结束后，所选对象才呈虚线高亮显示。
- 前一个（P），Previous，把最近一次选择的对象重新构成选择集作为本次操作的对象。
- 放弃（U），Undo，取消最近一次选择的对象。重复执行该选项，可以由后向前逐步取消已经选取的对象。

■ 小贴士 ■

在选择多个对象时，用户如果错误地选择了某个对象，要取消该对象的选择状态，可以按住键盘上的 Shift 键，单击该对象即可。

1.5.5 删除对象

1. 删除对象的命令执行方法

1）单击【修改】下拉菜单→选择【删除】。
2）在命令行中输入"Erase/E"并回车。
3）单击修改工具栏中直线的图标 。
4）单击【默认】选项卡→【修改】面板→选择【删除】。

2. 删除命令的操作

删除命令的操作分为执行命令和选择对象两步。执行步骤的顺序不同，操作过程有所区别。

（1）先执行命令后选择对象方式

按本方式操作，用户选择对象后，被选对象并不立即删除，只有当按 Enter 键结束命令后，被选对象才被删除。

（2）先选择对象后执行命令方式

按本方式操作，一旦执行命令，删除命令就立即执行，而不会出现任何提示。用户先选择对象，然后按键盘上的 Delete 键，也可实现删除对象的效果

1. 工作界面的设置

任务分析：本任务需要运用【格式】和【工具】下拉菜单中的命令。

本任务绘图过程如下：

第1步：设置绘图单位、显示精度。

1）单击【应用程序】菜单→【图形实用工具】→【单位】，如图 1.S-1 所示。

2）长度类型选 "小数"，精度选 "0"。

3）角度选 "十进制角度"，精度选 "0"。

4）插入时的缩放单位选择 "毫米"，如图 1.S-2 所示。

图 1.S-1

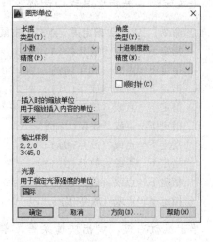

图 1.S-2

第2步：设置图形界限。

（1）执行方式

1）单击【格式】下拉菜单→【格式】→【图形界限】。

2）在命令行中输入 "Limits" 并回车。

（2）操作过程

单击【格式】，下拉菜单选择【图形界限】命令。

系统提示：

　　指定左下角点或 [开(ON)/关(OFF)] <0.0000,0.0000>：✓，（设置图形界限左下角的位置，默认值为(0.0000,0.0000)，用户可回车接受其默认值或输入新值）。

　　指定右上角点<420.0000,297.0000>：297，210 并回车，（可以接受其默认值或输入一个新坐标以确定绘图界限的右上角位置）。

　　命令：z✓（在命令行中输入 "z" 并回车）

ZOOM

指定窗口的角点，输入比例因子（nX 或 nXP），或者[全部(A)/中心(C)/动态(D)/范围(E)/上一个(P)/比例(S)/窗口(W)/对象(O)] <实时>:A　✓　（图形界限充满屏幕显示）

通过以上操作，图形界限设置完毕。

2. 绘制图 1.1 所示的图形

任务分析：本任务需要运用对象捕捉和直线绘制

根据任务分析，绘图过程如下：

第 1 步： 对象捕捉设置。

将鼠标放置在状态栏【对象捕捉】按钮处，单击鼠标右键，单击"设置"调用【对象捕捉】选项卡。

勾选特征点：端点、中点、象限点、交点，单击确定。

鼠标方式：单击状态栏上的【对象捕捉】按钮。

第 2 步： 绘制图形。

单击绘图工具栏中直线的图标 ✐。

命令：_line 指定第一点：单击鼠标左键任选一点　（最方便的第一点输入方式）
指定下一点或 [放弃(U)]：@20,0✓　　　　　　（输入 B 相对于 A 点的相对直角坐标）
指定下一点或 [放弃(U)]：@0,20✓　　　　　　（输入 C 相对于 B 点的相对直角坐标）
指定下一点或 [放弃(U)]：@-20,0✓
指定下一点或 [放弃(U)]：@0,-20✓
指定下一点或 [放弃(U)]：　　　　　　　　　　（单击 E 点附近，即可捕捉到 E 点）
指定下一点或 [放弃(U)]：　　　　　　　　　　（单击 F 点附近，即可捕捉到 F 点）
指定下一点或 [放弃(U)]：　　　　　　　　　　（单击 G 点附近，即可捕捉到 G 点）
指定下一点或 [放弃(U)]：　　　　　　　　　　（单击 H 点附近，即可捕捉到 H 点）
指定下一点或 [放弃(U)]：✓　　　　　　　　　结束直线命令

单击鼠标右键，调出快捷菜单，单击"重复 line"。

指定下一点或 [放弃(U)]：　　　　　　　　　　（单击 A 点附近，即可捕捉到 A 点）
指定下一点或 [放弃(U)]：　　　　　　　　　　（单击 C 点附近，即可捕捉到 C 点）
指定下一点或 [放弃(U)]：　　　　　　　　　　（结束直线命令）

单击鼠标右键，调出快捷菜单，单击"重复 line"。

指定下一点或 [放弃(U)]：　　　　　　　　　　（单击 B 点附近，即可捕捉到 B 点）
指定下一点或 [放弃(U)]：　　　　　　　　　　（单击 D 点附近，即可捕捉到 D 点）
指定下一点或 [放弃(U)]：　　　　　　　　　　（结束直线命令）

操 作 训 练

1. 用户工作界面练习

操作任务：建立一个新图档，显示文本窗口。将命令窗口的提示信息设置为五行。打开"查询""标注"工具栏并将其移动到绘图区域右侧。

2．设定用户界面

操作任务：将图形窗口的背景颜色设为白色，将光标设置为100%，设置图形的显示精度，将未选中夹点颜色设置为绿色，将选中夹点颜色设置为蓝色，将悬停夹点颜色设为红色。

3．绘图及文件管理练习

操作任务：新建一个文件，查阅本章相关知识，绘制训练图1.1。未学习的命令可使用【帮助】功能自学，最后运用【保存】命令，将文件保存到桌面的"CAD"文件夹，文件名为"项目1操作训练1.dwg"

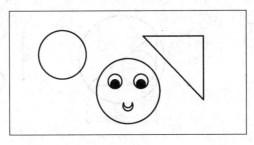

训练图 1.1

4．设定图形界限及绘图单位

新建一个图形文件，使用【格式】菜单中的【图形界限】命令，设置420mm×297mm图形界限，并设定绘图单位，开启正交功能。

5．直角坐标及直线绘制

操作任务：运用直线命令以及相对直角坐标绘制下列图形，如训练图1.2所示。

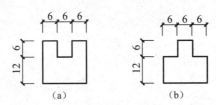

训练图 1.2

6．极坐标及直线绘制

操作任务：运用极坐标及直线命令绘制下列图纸，如训练图1.3所示。

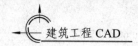
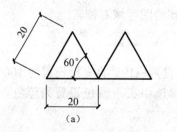
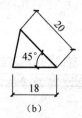

训练图 1.3

7. 捕捉直线及圆的绘制视图缩放

操作任务：绘制下列图形，如训练图 1.4 所示。

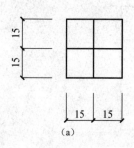
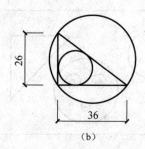
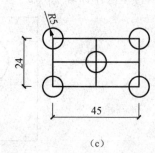

训练图 1.4

8. 视图缩放及保存

操作任务：利用视图缩放命令，对该命令的每个选项进行练习。运用【保存】命令，将文件保存到桌面的"CAD"文件夹，文件名为"项目 1 操作训练 2.Dwg"。

项目 2

AutoCAD 常用绘图命令

教学 PPT（1）

教学 PPT（2）

▌学习目标 掌握建筑施工图中常用的直线类、曲线类、点等图形绘制命令的操作；

掌握图案填充、图块等命令的操作；

能够熟练运用绘图命令绘制常见建筑构件图形。

项目任务

绘制图 2.1、图 2.2 所示图形。

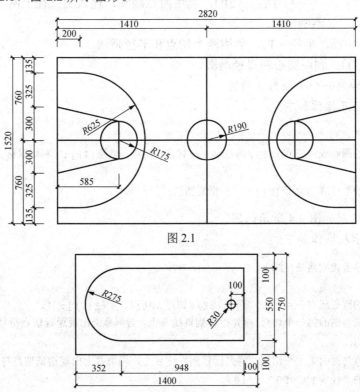

图 2.1

图 2.2

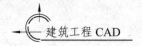

任务 *2.1* 绘制曲线类对象

2.1.1 圆（circle/C）

1. 功能

利用多种方法画圆。

图 2.3

2. 命令启动方式

1）选项卡：单击【默认】选项卡→【绘图】面板→【圆】按钮◎。

2）下拉子菜单：单击【绘图】面板中【圆】的下拉箭头，选择如图 2.3 所示画圆子菜单。

3）命令行：Circle（C）✓。

3. Circle 命令各选项含义

1）三点（3P）：利用三点画圆，输入圆上任意三个点的位置，绘制出圆。

2）两点（2P）：利用两点画圆，输入圆直径上两个端点的位置，绘制出圆。

3）切点、切点、半径（T）：利用两个切点和半径画圆。

4）直径（D）：利用圆心和直径画圆。

【例 2.1】绘制一个半径为 5 的圆。

命令行提示及操作如下：

> 命令：c ✓
> 指定圆的圆心或 [三点(3P)/两点(2P)/切点、切点、半径(T)]：（利用鼠标在屏幕上任选一点作为圆心）
> 指定圆的半径或 [直径(D)]：_d 指定圆的直径：5✓

【例 2.2】绘制如图 2.4 所示的圆。

命令行提示及操作如下：

> 先在屏幕上绘制两条直线 A、B
> 命令：c ✓
> 指定圆的圆心或 [三点(3P)/两点(2P)/切点、切点、半径(T)]：t✓
> 指定对象与圆的第一个切点：将光标移到直线 A 上，当屏幕上出现递延切点符号 ⟡ 时单击鼠标左键，如图 2.5 所示
> 指定对象与圆的第二个切点：将光标移到直线 B 上，当屏幕上出现递延切点符号的时候单击.
> 指定圆的半径 <10.0000>：10✓

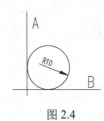

图 2.4

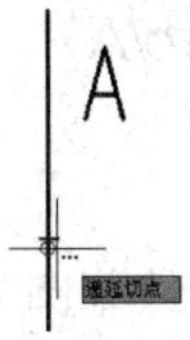

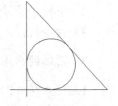

图 2.5

【例 2.3】 绘制图 2.6 所示圆，该圆为三角形的内切圆。

命令行提示及操作如下：

1）先用直线命令在屏幕上绘制一个任意三角形；

2）单击【绘图】面板上【圆】的下拉箭头，选择 相切，相切，相切 。

指定圆的圆心或　[三点 (3P) / 两点 (2P) / 切点、切点、半径 (T)]:(_3p) 指定圆上的第一个点：_tan 到：单击三角形上任意一条边

指定圆上的第二个点：_tan 到：单击三角形上第二条边

指定圆上的第三个点：_tan 到：单击三角形上第三条边

图 2.6

■ **小贴士** ▮

在命令行启动绘圆命令没有"相切、相切、相切"操作选项，在菜单栏启动绘圆命令才能找到该选项。

2.1.2　圆环（donut/DO）

1. 功能

根据一定的内外直径绘制圆环。

2. 命令启动方式

1）选项卡：单击【默认】选项卡→【绘图】面板→【圆环】按钮◎。

2）下拉子菜单：单击【绘图】面板中的【圆环】按钮。

3）命令行：donut✓。

【例 2.4】 绘制如图 2.7 所示的圆环，其中内径为 20，外径为 30。

命令行提示及操作如下：

命令：_donut✓
指定圆环的内径 <0.5000>：20✓
指定圆环的外径 <1.0000>：30✓

图 2.7　　　指定圆环的中心点或 <退出>：用鼠标左键或者输入坐标的方式指定圆环中心的位置，然后单击鼠标右键结束命令

■ **小贴士** ▮

利用 Fillmode 命令控制圆环是否填充，当填充方式改变后，必须用重画或者重生成命令（RE），重生图样，才能改变显示。

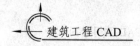

2.1.3　圆弧（arc/A）

1．功能

利用多种方法绘制圆弧。

2．命令启动方式

1）选项卡：单击【默认】选项卡→【绘图】面板→【圆弧】按钮。

2）下拉子菜单：单击【绘图】面板中【圆弧】的下拉箭头，选择画圆弧子菜单。

3）命令行：arc✓。

3．圆弧的画法

1）三点法（P）：三点画弧，指定圆弧的起点，终点及圆弧上任意一点绘制圆弧。

2）起点、圆心法：首先确定圆弧的起点和圆心，然后再通过确定圆弧的端点、角度或者长度来绘制一段圆弧。绘制圆弧时，总是按照逆时针为正，顺时针为负的原则来绘制，即当输入角度值为正时，从起始点开始按照逆时针方向绘制圆弧；当输入角度为负时，从起始点开始按照顺时针方向绘制圆弧。当输入弦长为正时，按照逆时针方向绘制小于180°的圆弧；为负时，按照逆时针方向绘制大于180°的圆弧。

3）起点、端点法：首先确定圆弧的起点和端点，然后再通过确定圆弧的弧心角、方向或者半径来绘制一段圆弧。

4）圆心、起点法：首先确定圆弧的圆心和起点，然后再通过确定圆弧的端点、弧心角或者弦长来绘制一段圆弧。

5）继续法：用于连续绘制圆弧。当绘制完一段圆弧后，继续执行此操作，可接着前一段圆弧继续绘制圆弧，并且以前一段圆弧的终点作为新圆弧的起点，以前一段圆弧的终点处的切线方向作为新圆弧的起点处的切线方向，即前一段圆弧与新圆弧相切。

【例2.5】 绘制如图2.8所示图形。

命令行提示及操作如下：

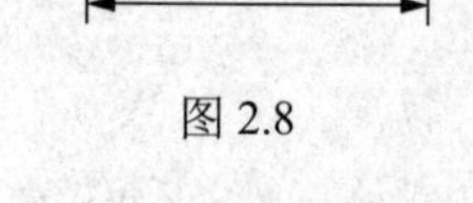

命令：_line✓

指定第一个点：在绘图区域任选一点作为A点

指定下一点或 [放弃(U)]：@0,-30✓，（输入C点相对于A点的坐标，绘制直线AC）

指定下一点或 [放弃(U)]：@30,0✓（输入B点相对C点的坐标，绘制直线CB）

指定下一点或 [放弃(U)]：回车结束命令

命令：_arc✓

圆弧创建方向：逆时针(按住 Ctrl 键可切换方向)。

指定圆弧的起点或 [圆心(C)]：捕捉B点并用鼠标左键单击B点

指定圆弧的第二个点或 [圆心(C)/端点(E)]：_c 指定圆弧的圆心，单击C点

指定圆弧的端点或 [角度(A)/弦长(L)]：单击A点，回车结束命令

图 2.8

■ 小贴士

绘制圆弧时默认为按逆时针方向绘制，按住 Ctrl 键可切换方向。

2.1.4　椭圆（ellipse/EL）

1. 功能

绘制椭圆或椭圆弧。

2. 命令启动方式

1）选项卡：单击【默认】选项卡→【绘图】面板→【椭圆】按钮 ⬭ 。

2）下拉子菜单：单击【绘图】面板中【椭圆】按钮，在下拉列表对应选择。

3）命令行：ellipse（el）↙。

3. ellipse 命令各选项含义

● 圆弧（A）：绘制椭圆弧。

● 中心点（C）：通过指定椭圆的中心点，一个轴的一个端点和另一个轴的半轴长来绘制椭圆。

● 旋转（R）：根据椭圆的短轴和长轴之比把一个圆绕定义的第一轴旋转成椭圆，输入0，则绘制出圆。

● 参数（P）：通过指定一个参数来确定椭圆弧的一个端点。

● 包含角度（I）：指定椭圆弧所包含的角的大小。

【例 2.6】绘制长轴为 30 短轴为 20 的椭圆。

命令行提示及操作如下：

```
命令：_ellipse↙
指定椭圆的轴端点或 [圆弧(A)/中心点(C)]：在绘图区域任选一点作为长轴的一个端点
指定轴的另一个端点：@30,0↙ 绘制长轴的另一个端点
指定另一条半轴长度或 [旋转(R)]：10↙ 输入另一条轴的半轴长度，回车结束命令
```

【例 2.7】绘制起始角度为 30°、终止角度为 210° 的椭圆，如图 2.9 所示。

命令行提示及操作如下：

```
命令：_ellipse↙
指定椭圆的轴端点或 [圆弧(A)/中心点(C)]：_a↙
指定椭圆弧的轴端点或 [中心点(C)]：c↙
指定椭圆弧的中心点：确定椭圆的中心点
指定轴的端点：确定轴的终点
指定另一条半轴长度或 [旋转(R)]：确定第二条轴的端点
指定起点角度或 [参数(P)]：30↙
指定端点角度或 [参数(P)/包含角度(I)]：210↙
```

图 2.9

2.1.5 样条曲线 (spline/SPL)

1. 功能

绘制样条曲线或将多段线的拟合样条曲线转换为样条曲线。

2. 命令启动方式

1）选项卡：单击【默认】选项卡→【绘图】面板→【样条曲线拟合】按钮☑或者【样条曲线控制点】按钮☑。

2）下拉子菜单：单击【绘图】面板中的【样条曲线】按钮。

3）命令行：spline(spl)✓。

3. spline 命令各选项含义

1）方式（M）：选择样条曲线的绘制方式，有拟合与控制点两种方式。

- 拟合：通过指定样条曲线必须经过的拟合点来创建3阶（三次）B 样条曲线。在公差值大于0（零）时，样条曲线必须在各个点的指定公差距离内。
- 控制点：通过指定控制点来创建样条曲线。使用此方法创建1阶（线性）、2阶（二次）、3阶（三次）直到最高为10阶的样条曲线。通过移动控制点调整样条曲线的形状通常可以提供比移动拟合点更好的效果。

2）节点（K）：指定节点参数化，是一种计算方法，用来确定样条曲线中连续拟合点之间的零部件曲线如何过渡。

- 弦：均匀隔开连接每个部件曲线的节点，使每个关联的拟合点对之间的距离成正比。
- 平方根：均匀隔开连接每个部件曲线的节点，使每个关联的拟合点对之间的距离的平方根成正比。此方法通常会产生更"柔和"的曲线。
- 统一：均匀隔开每个零部件曲线的节点，使其相等，而不管拟合点的间距如何，此方法通常可生成泛光化拟合点的曲线。

3）对象（O）：把多段线使用 PEDIT 命令拟合的样条曲线转换为样条曲线，转换后的样条曲线可以使用 SPLINEDIT 命令进行编辑。

4）阶数（D）：设置生成的样条曲线的多项式阶数。使用此选项可以创建 1 阶（线性）、2 阶（二次）、3 阶（三次）直到最高 10 阶的样条曲线。

5）起点切向（T）：确定起点后，选择此选项，要求确定样条曲线在起始点的切线方向，同时在起点与当前光标点之间出现一条虚线来表示样条曲线起点处的切线方向。

6）端点切向（T）：确定终点的切线方向。

7）公差（F）：确定样条曲线的拟合公差。

8）闭合（C）：封闭样条曲线，使起点和终点相连并形成光滑的样条曲线。

【例 2.8】绘制如图 2.10 所示的样条曲线。

命令行提示及操作如下：

```
命令：_spline
当前设置：方式=拟合    节点=平方根
```

指定第一个点或　[方式(M)/节点(K)/对象(O)]:（单击 A 点）

输入下一个点或　[起点切向(T)/公差(L)]:（单击 B 点）

输入下一个点或　[端点相切(T)/公差(L)/放弃(U)]:（单击 C 点）

输入下一个点或　[端点相切(T)/公差(L)/放弃(U)/闭合(C)]:（单击 D 点）

输入下一个点或　[端点相切(T)/公差(L)/放弃(U)/闭合(C)]:（单击 E 点）

输入下一个点或　[端点相切(T)/公差(L)/放弃(U)/闭合(C)]:回车结束命令

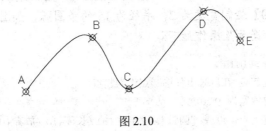

图 2.10

思考提高

想一想，图 2.11 所示图形可以用几种方法绘制。

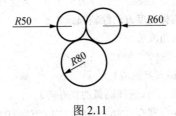

图 2.11

任务 2.2　绘制多段线和多线

2.2.1　多段线（pline/PL）

1. 功能

可连续绘制可变宽度的直线段、弧线段或两者的组合线段。

2. 命令启动方式

1）选项卡：单击【默认】选项卡→【绘图】面板→【多段线】按钮 。

2）下拉子菜单：单击【绘图】面板中【多段线】按钮。

3）命令行：pline（pl）↙。

3. pline 命令各选项含义

● 圆弧（A）：转换为绘制圆弧的状态。

- 半宽（H）：确定多段线的半宽值。选择该选项后，需要分别设定"起点"和"端点"两个位置的半宽值。执行完此操作，若不再改变半宽值，则后续的线段（或圆弧）的宽度将与此处"端点"的半宽值相同。
- 宽度（W）：确定多段线的宽度值，操作方法同半宽选项。
- 长度（L）：沿直线方向（或圆弧的切线方向）绘制指定长度的直线段。
- 放弃（U）：删除最近一次绘制的线段（或圆弧），退回到上一步。

【例2.9】绘制宽度为2，半径为15的半圆弧，如图2.12所示。

命令行提示及操作如下：

命令:PLINE↙
指定起点:在屏幕上任选一点作为起点
当前线宽为 0.0000
指定下一个点或 [圆弧(A)/半宽(H)/长度(L)/放弃(U)/宽度(W)]:w↙（设置宽度）

图2.12

指定起点宽度 <0.0000>: 2↙（输入起点宽度）
指定端点宽度 <2.0000>: 2↙（输入端点宽度）
指定下一个点或 [圆弧(A)/半宽(H)/长度(L)/放弃(U)/宽度(W)]:a↙（选择绘制圆弧选项）
指定圆弧的端点或[角度(A)/圆心(CE)/方向(D)/半宽(H)/直线(L)/半径(R)/第二个点(S)/放弃(U)/宽度(W)]: a↙（选择角度方法绘制圆弧）
指定包含角: 180↙（输入角度值）
指定圆弧的端点或 [圆心(CE)/半径(R)]: r↙
指定圆弧的半径: 15↙（输入半径值）
指定圆弧的弦方向 <21>:90↙（选择圆弧的弦方向）
指定圆弧的端点或[角度(A)/圆心(CE)/闭合(CL)/方向(D)/半宽(H)/直线(L)/半径(R)/第二个点(S)/放弃(U)/宽度(W)]:回车结束命令

【例2.10】绘制如图2.13所示的钢筋。

命令行提示及操作如下：

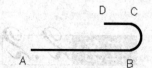

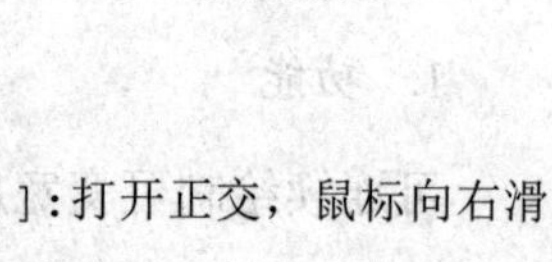

命令: _pline↙
指定起点: 在屏幕上单击绘制A点
当前线宽为 0.0000

图2.13

指定下一个点或 [圆弧(A)/半宽(H)/长度(L)/放弃(U)/宽度(W)]: w↙（设置线宽）
指定起点宽度 <0.0000>: 0.5↙（设置起点的线宽）
指定端点宽度 <0.5000>: 0.5↙（设置端点的线宽）
指定下一个点或 [圆弧(A)/半宽(H)/长度(L)/放弃(U)/宽度(W)]:打开正交,鼠标向右滑动,单击,绘制B点
指定下一点或 [圆弧(A)/闭合(C)/半宽(H)/长度(L)/放弃(U)/宽度(W)]: a↙
指定包含角: 180↙
指定圆弧的端点或[角度(A)/圆心(CE)/闭合(CL)/方向(D)/半宽(H)/直线(L)/半径(R)/第二个点(S)/放弃(U)/宽度(W)]:在屏幕上单击,绘制C点
指定圆弧的端点或[角度(A)/圆心(CE)/闭合(CL)/方向(D)/半宽(H)/直线(L)/半径(R)/第二个点(S)/放弃(U)/宽度(W)]: l↙
指定下一点或 [圆弧(A)/闭合(C)/半宽(H)/长度(L)/放弃(U)/宽度(W)]:打开正交,鼠标向

左滑动，捕捉 D 点

  指定下一点或 [圆弧(A)/闭合(C)/半宽(H)/长度(L)/放弃(U)/宽度(W)]:回车结束命令

【例 2.11】绘制如图 2.14 所示的箭头，箭杆长 30mm，箭头长 10mm，宽 3mm。命令行提示及操作如下：

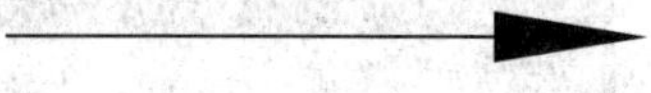

  命令：_pline✓

  指定起点：在绘图区域任意点单击，作为直线的起点

  当前线宽为 0.0000

图 2.14

  指定下一个点或 [圆弧(A)/半宽(H)/长度(L)/放弃(U)/宽度(W)]：30✓（打开正交在水平方向绘制长为 30 的直线）

  指定下一点或 [圆弧(A)/闭合(C)/半宽(H)/长度(L)/放弃(U)/宽度(W)]：w✓（修改线宽，绘制箭头）

  指定起点宽度 <0.0000>：3✓（输入箭头左侧的线宽）

  指定端点宽度 <3.0000>：0✓（输入箭头右侧的线宽）

  指定下一点或 [圆弧(A)/闭合(C)/半宽(H)/长度(L)/放弃(U)/宽度(W)]：10✓（输入箭头的长度）

  指定下一点或 [圆弧(A)/闭合(C)/半宽(H)/长度(L)/放弃(U)/宽度(W)]:回车结束命令

▌小贴士 ▌

  Fillmode 命令控制多段线的填充，当 Fillmode 的值为 1 时，多段线填充，为实心；当 Fillmode 的值为 0 时，多段线不填充，为空心。执行 Fillmode 命令后，需再执行 Regen 命令以后才可以看到填充结果。

2.2.2 多线（mline/ML）

1. 功能

绘制由多条平行线组成的图形。

2. 命令启动方式

1）下拉子菜单：单击【绘图】面板→【多线】按钮。

2）命令行：mline（ml）✓。

3. mline 命令各选项含义

1）对正（J）：用于确定多线与绘制时的光标点之间的关系，执行该选项后，命令行提示：

输入对正类型[上（T）/无（Z）/下（B）]<上>:

● 上（T）：表示绘图时，光标点在多线的上端线上。

● 无（Z）：表示绘图时，光标点在多线的中心位置。

● 下（B）：表示绘图时，光标点在多线的下端线上。

2）比例（S）：指定多线的绘制比例，此比例控制平行线间距大小，即最顶端直线到最底端直线的距离，默认值为 20。

3）样式（ST）：选择绘制多线使用的多线样式。默认为"STANDARD"，双平行线样式。若需要新的样式，需先定义新的多线样式。

4）放弃（U）：取消刚刚绘制的多线，返回上一步操作。

5）闭合（C）：使已绘制的两段以上的多线形成封闭图形，并结束命令。

4. 多线样式的设置（Mlstyle）

图 2.15

多线是由 2～16 条平行线组成的图形，其默认的样式为"STANDARD"。用户可以根据需要来设置平行线的数量、到多线中心的偏移距离、颜色、线型等。

（1）多线样式的命令启动方式

1）下拉菜单：单击【格式】下拉菜单→选择【多线样式】按钮。

2）命令行：MLSTYLE↙。

多线设置（视频）

多线绘制（视频）

（2）【多线样式】对话框各选项的含义

执行设置多线样式的命令后，屏幕会出现多线样式设置的对话框，如图 2.15 所示。

- 当前多线样式：显示当前多线样式的名称。
- 【样式】区域：显示目前已定义的多线的样式名称。
- 【说明】区域：对被选中的多线样式的解释说明。
- 【预览】区域：显示被选中的多线样式的形式。
- 【置为当前】按钮：将选中多线样式作为当前样式。
- 【新建】按钮：创建新的多线样式。
- 【修改】按钮：修改已定义的多线样式。在"样式"区域选择相应的多线样式，然后单击"修改"按钮，弹出"修改多线样式"对话框，修改过程同"新建多线样式"。
- 【重命名】按钮：对已定义的多线样式重新命名。
- 【删除】按钮：删除已定义且未使用过的多线样式。
- 【加载】按钮：在多线样式库文件中选择一种多线样式加载进来。AutoCAD 中默认的多线样式库文件为"acad.mln"。
- 【保存】按钮：将新建的多线样式保存到指定的多线样式库文件中。AutoCAD 中默认的多线样式库文件为"acad.mln"。

（3）创建新的多线样式

单击【新建】按钮后，弹出【创建新的多线样式】对话框，如图 2.16 所示。在【新样式名】后面的方框内输入新样式的名称。然后在【基础样式】下拉菜单中选择已有的多线样式作为新样式的基础形式。最后，单击【继续】按钮，屏幕弹出【新建多线样式】对话框，如图 2.17 所示。

图 2.16

图 2.17

（4）"新建多线样式"对话框各选项含义

● 【说明】文本框：对新建多线样式的简单说明。

● 【封口】选项组：确定多线的起点和端点的封闭形式。当勾选复选框时为封闭，不勾选时为敞开，可用直线或弧线来封口。

● 【填充颜色】下拉菜单：选择是否为新建的多线填充颜色，并选择相应的颜色。

● 【显示连接】复选框：用于确定是否在多线的顶点处显示记号，默认为不勾选，勾选后绘制的多线会在顶点处显示标记，如图 2.18 所示。

● 【图元】选项组：指定多线中各元素的偏移量、颜色、线型等。

● 【添加】按钮：添加一个新元素到"图元"列表中。其中，新元素的偏移量为"0"，颜色和线型均为"ByLayer"。

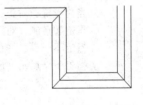

● 【删除】按钮：在"图元"列表中删除指定的元素。当多线元素为一条时，不能再删除。

图 2.18

● 【偏移】文本框：设置指定元素的偏移量。当偏移量为正时，表示元素位于多线中心线的上方；当偏移量为负时，表示元素位于多线中心线的下方。

● 【颜色】下拉菜单：设置列表中指定元素的颜色。

● 【线型】按钮：单击"线型"按钮，弹出"选择线型"对话框，为指定元素设置线型。

 小贴士

在绘图中已经使用的多线样式不能被删除和修改。

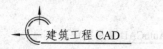

【例2.12】以 1：100 的比例绘制图 2.19 所示的建筑平面图的局部，墙厚 240mm。

单击【格式】下拉菜单选择【多线样式】。单击【新建】多线样式，弹出【创建多线样式】对话框，输入多线样式名称"wall"，单击【继续】按钮，将新的多线样式作出图 2.20 所示的设置，并将新建的多线样式置为当前。然后，启动命令绘制平面图。

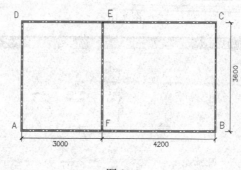

图 2.19

命令行提示及操作如下：

    命令：MLINE✓
    当前设置：对正 = 无，比例 = 20.00，样式 = WALL
    指定起点或 [对正(J)/比例(S)/样式(ST)]：s✓（设置多线比例）
    输入多线比例 <20.00>：2.4✓
    当前设置：对正 = 无，比例 = 2.40，样式 = WALL
    指定起点或 [对正(J)/比例(S)/样式(ST)]：（在绘图区域任选一点作为起始点 A）
    指定下一点：@72,0✓（输入 B 点相对于 A 点的坐标）
    指定下一点或 [放弃(U)]：@0,36✓（输入 C 点相对于 B 点的坐标）
    指定下一点或 [闭合(C)/放弃(U)]：@-72,0✓（输入 D 点相对于 C 点的坐标）
    指定下一点或 [闭合(C)/放弃(U)]：c✓输入 C，闭合多线，结束命令
    命令：MLINE✓
    当前设置：对正 = 无，比例 = 2.40，样式 = WALL
    指定起点或 [对正(J)/比例(S)/样式(ST)]：@30,0✓（输入 E 点相对于 D 点的坐标）
    指定下一点：@0,-36✓（输入 F 点相对于 E 点的坐标）
    指定下一点或 [放弃(U)]：回车结束命令

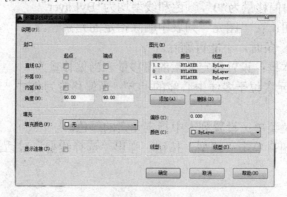

图 2.20

思考提高

利用多段线命令绘制图 2.21 所示图形，下端直线线宽为 0，上端直线线宽为 1。

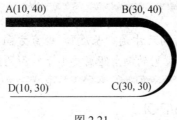

图 2.21

任务 *2.3* 绘制多边形类对象

2.3.1　矩形（rectang/REC）

1. 功能

绘制矩形、带圆角或倒角的矩形。

2. 命令启动方式

1）选项卡：单击【默认】选项卡→【绘图】面板→【矩形】按钮 □。

2）下拉子菜单：单击【绘图】面板中【矩形】按钮。

3）命令行：RECTANG↙。

3. RECTANG 命令各选项含义

● 倒角（C）：绘制带倒角的矩形。

● 圆角（F）：绘制带圆角的矩形。

● 宽度（W）：设置矩形的线宽。

● 标高（E）：确定矩形在三维空间的基面高度。

● 厚度（T）：设置矩形的厚度。

【例 2.13】以指定尺寸绘制矩形，如图 2.22 所示。

命令行提示及操作如下：

　　命令：_rectang ↙

　　指定第一个角点或 [倒角(C)/标高(E)/圆角(F)/厚度(T)/宽度(W)]：（在屏幕上合适位置单击，指定第一个角点）

　　指定另一个角点或 [面积(A)/尺寸(D)/旋转(R)]：d↙（选择尺寸方法绘制矩形）

　　指定矩形的长度 <10.0000>：100↙

　　指定矩形的宽度 <10.0000>：50↙

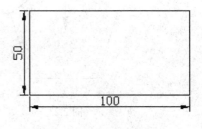

图 2.22

指定另一个角点或 [面积(A)/尺寸(D)/旋转(R)]:指定矩形另一个角点的方向,在相应的方向上单击鼠标左键

■ 小贴士

1)矩形命令中,水平方向的尺寸是"长度",垂直方向的尺寸是"宽度"。

2)绘制带倒角的矩形时,设置的倒角距离要小于矩形的最小边长,否则无法绘制倒角。

2.3.2 正多边形(polygon/POL)

1. 功能

绘制边数为 3-1024 的正多边形。

2. 命令启动方式

1)选项卡:单击【默认】选项卡→【绘图】面板→【正多边形】按钮 ⬡。

2)下拉子菜单:单击【绘图】下拉菜单中【多边形】按钮。

3)命令行:polygon(pol)↙。

3. Polygon 命令各选项含义

● 侧面数:即多边形的边数。

● 边(E):正多边形的边长。

● 内接于圆(I):以中心点到多边形端点距离的方式确定多边形。

● 外切于圆(C):以中心点到多边形垂直距离的方式确定多边形。

【例 2.14】绘制外接圆直径为 40 的正五边形,如图 2.23 所示。

命令行提示及操作如下:

> 命令:_polygon 输入侧面数 <4>:5↙
> 指定正多边形的中心点或 [边(E)]:使用鼠标在绘图窗口中任选一点,确定正五边形的中心点
> 输入选项 [内接于圆(I)/外切于圆(C)] <C>:i↙
> 指定圆的半径:20↙（结束命令）

【例 2.15】绘制图 2.24 所示的正多边形。

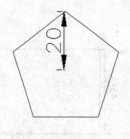

图 2.23

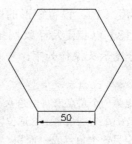

图 2.24

命令行提示及操作如下:

命令：_polygon 输入侧面数 <4>:6↙
指定正多边形的中心点或 [边(E)]:e↙（利用边长法绘制正多边形）
指定边的第一个端点:使用鼠标在绘图窗口内任选一点作为正多边形边长的起点
指定边的第二个端点：@50，0↙输入起点的相对坐标值确定边长

任务 2.4 绘 制 点

2.4.1 点（point/PO）

1. 功能

在指定位置绘制各种形式的点。

2. 命令启动方式

1）选项卡：单击【默认】选项卡→【绘图】面板→【点】按钮。

2）下拉子菜单：单击【绘图】下拉菜单中【点】按钮。

3）命令行：point（po）↙。

3. 点样式的设置

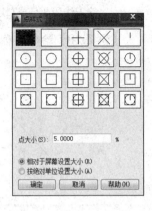

图 2.25

AutoCAD 提供了多种样式的点，用户可根据需要进行设置，过程如下：

单击【格式】下拉菜单→【点样式…】按钮，弹出【点样式】对话框，如图 2.25 所示。在该对话框中，用户可根据需要选择点的形式，调整点的大小，调整后 PDMODE、PDSIZE 的值也会有相应改变。点的默认样式是实心小黑点，但不能作为一般结构施工图中钢筋的横断面原点使用。

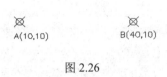

图 2.26

【例 2.16】绘制图 2.26 所示 A、B、C 三点。

命令行提示及操作如下：

命令：_point↙
当前点模式：PDMODE=0 PDSIZE=0.0000
指定点：10,10↙（输入 A 点的绝对坐标）
指定点：40,10↙（输入 B 点的绝对坐标）
指定点：10,40↙（输入 C 点的绝对坐标）
指定点：按"Esc"键结束命令

2.4.2 定数等分（divide/DIV）

1. 功能

按给定的等分数在指定的对象上绘制等分点，或在等分点处插入块。

2. 命令启动方式

1）选项卡：【默认】选项卡→【绘图】面板→【定数等分】按钮 。

2）下拉子菜单：单击【绘图】下拉菜单中【点】下拉菜单中的【定数等分】。

3）命令行：divide（div）✓。

【例 2.17】用 divide 命令将一条线段 3 等分，如图 2.27 所示。

命令行提示及操作如下：

单击【格式】下拉菜单→【点样式…】，选择点的样式为 ⊠，单击【确定】按钮。

```
命令：_divide ✓
选择要定数等分的对象：（选择线段）
输入线段数目或[块(B)]：3✓
```

【例 2.18】绘制名称为 yz 的块 ()，将块插入已知圆的六等分点处，如图 2.28 所示。

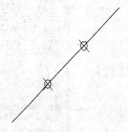

图 2.27

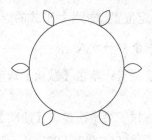

图 2.28

绘制图块 yz，绘制过程略。

命令行提示及操作如下：

```
命令：_divide ✓
选择要定数等分的对象：选择圆
输入线段数目或[块(B)]：B✓（进行等分点插块操作）
输入要插入的块名：yz✓（输入块名 yz）
是否对齐块和对象？[是(Y)/否(N)]<Y>：✓（对齐块和对象）
输入线段数目：6✓（结束命令）
```

■ 小贴士

等分数不等于放置点的个数。

2.4.3 定距等分（measure/MEA）

1. 功能

在指定的对象上按指定的长度在测量点处作标记或插入块。

2. 命令启动方式

1）选项卡：单击【默认】选项卡→【绘图】面板→【定距等分】按钮 ◿。

2）下拉子菜单：单击【绘图】下拉菜单中【点】下拉菜单中的【定距等分】按钮。

3）命令行：measure(mea)✓。

【例 2.19】用 Measure 命令将长为 100 的线段定距等分，每段长为 30，如图 2.29 所示。

命令：mea✓

命令：_ measure

选择要定距等分的对象：选择线段

输入线段长度或[块(B)]：30✓

图 2.29

■ 小贴士

如果对象总长不能被所选长度整除，则最后放置点到对象端点的距离不等于所选长度。

思考提高

1. 想一想，图 2.30 中的点可用几种方式绘制出来？

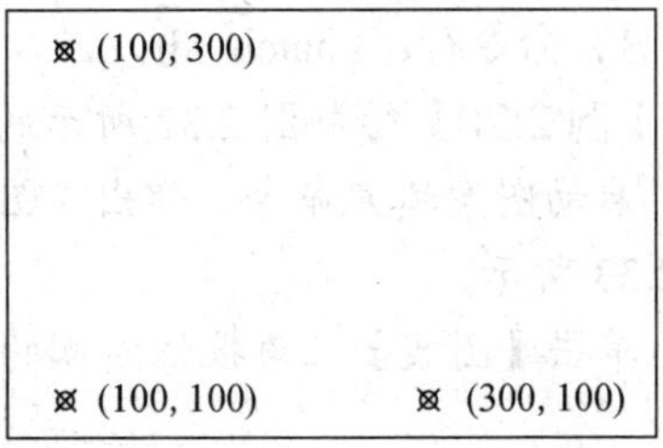

☓ (100, 300)

☓ (100, 100)　　　☓ (300, 100)

图 2.30

2. 利用所学知识绘制如图 2.31 所示图形。

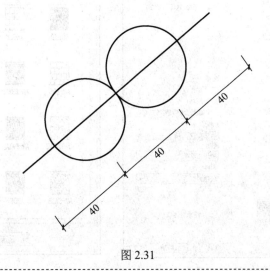

图 2.31

任务 *2.5* 图 案 填 充

2.5.1 图案填充（bhatch/H）

1. 功能

为图形中某一封闭区域填充所需要的图案。

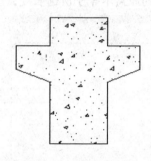

2. 命令启动方式

1）选项卡：单击【默认】选项卡→【绘图】面板→【图案填充】按钮▦。

2）下拉子菜单：单击【绘图】面板中【图案填充】按钮。

3）命令行：bhatch（h）✓。

【例 2.20】绘制图 2.32 所示的梁截面图。

启动图案填充命令，弹出【图案填充和渐变色】对话框，如图 2.33 所示。

单击【图案】三角按钮右侧的按钮，弹出【填充图案选项板】对话框，如图 2.34 所示。

图 2.32

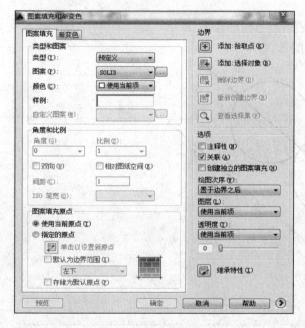

图 2.33   图 2.34

单击【其他预定义】选项卡，选择【AR-CONC】填充图案，单击【确定】按钮返回【图案填充和渐变色】对话框。然后单击【添加：拾取点】按钮，回到绘图窗口，封闭图形内部任意一点，回车返回到【图案填充和渐变色】对话框，单击【确定】按钮，完成填充。

2.5.2 确定填充图案

【图案填充和渐变色】对话框中，【图案填充】包含【类型和图案】【角度和比例】以及
【图案填充原点】三个选项组。

1．类型和图案

（1）类型

所填充图案的类型，包含【预定义】【用户定义】和【自定义】3 种类型。单击【图案】
项右侧的⬚，弹出【填充图案选项卡】对话框，如图 2.34 所示，用户可以从【ANSI】【ISO】
【其他预定义】【自定义】4 个选项卡中选择所需的图案。

- 【预定义】：是 AutoCAD 标准图案文件（ACADISO.PAT）中自带的填充图案。
- 【用户定义】：只有两种填充图案，如图 2.35 所示。当勾选【角度和比例】区域的
  【双向】复选框，填充图案为方格线，如图 2.35（a）所示；当不勾选【双向】复
  选框，填充图案为平行线，如图 2.35（b）所示，间距由用户来确定。
- 【自定义】：用户自己定义填充图案。

（2）图案

包括【ANSI】【ISO】【其他预定义】【自定义】4 种类型。

- 【ANSI】：显示程序附带的所有 "ANSI" 图案。
- 【ISO】：符合 ISO（国际标准化组织）标准的填充图案。当选择 ISO 图案时，可
  以指定笔宽。由笔宽确定图案中的线宽。
- 【其他预定义】：显示程序附带的除【ANSI】和【ISO】之外的所有其他图案。
- 【自定义】：显示已添加到程序的 "支持文件搜索路径" 的自定义 "PAT" 文件列表。

这里颜色表示填充图案的颜色；样例表示填充图案的示例；当填充类型为 "自定义"
时激活此选项，可以填充用户自己定义的图案。

（a）

（b）

图 2.35

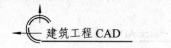

2. 角度和比例

（1）角度

确定填充图案的旋转角度，默认角度为"0"。

（2）比例

用于确定填充图案表示的比例值，默认为"1"。填充图案的比例很重要，过大时无法填充，过小时填充效果不理想。"双向"和"间距"选项在使用"用户定义类型"时被激活，用户可以自行选择。

3. 图案填充原点

用于确定填充图案在填充区域的位置。当选择【使用当前原点】选项时，效果如图2.36（a）所示；当选择【指定的原点】选项时，用户可以自行设置新的原点，默认为边界范围，效果如图2.36（b）所示。

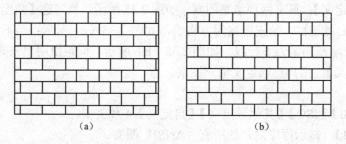

（a）   （b）

图2.36

2.5.3　填充边界的确定

图案填充的边界必须是封闭的直线或者曲线，可以是直线、构造线、射线、多段线、样条曲线、圆、圆弧、椭圆等对象以及由它们形成的图块。如果填充边界是由一定宽度的直线或曲线构成，则系统将以直线或曲线的中心线作为边界。

1.【边界】选项组

1）【添加：拾取点】按钮：利用拾取封闭图形内部一点的方式填充相应区域。

2）【添加：选择对象】按钮：利用选择对象的方式确定填充图案的边界。

3）【删除边界】按钮：删除已选择的填充边界。

4）【重新创建边界】按钮：重新创建图案填充的边界。

5）【查看选项集】按钮：回到绘图窗口查看填充区域的边界，右击返回到对话框。

2.【选项】选项组

1）【关联】复选框：确定填充图案与边界的关系。当启用时，若边界形状发生变化，则图案随之变化。当不启用时，边界形状发生变化，图案不随之变化。

2）【创建独立的图案填充】复选框：利用选择对象的方式确定填充图案的边界。

3）【删除边界】按钮：删除已选择的填充边界。

4）【重新创建边界】按钮：重新创建图案填充的边界。

5）【查看选项集】按钮：回到绘图窗口查看填充区域的边界，右击返回到对话框。

3.【继承特性】按钮

单击此按钮，可以将绘图区域中已有的填充图案作为当前的填充图案，相当于格式刷。对于非关联填充后的图案无法使用"继承特性"功能。

4.【孤岛】选项组

在图案填充过程中，把位于填充边界内部的封闭区域称为孤岛，在孤岛内部的封闭区域也称为孤岛，即孤岛是可以嵌套的。孤岛显示样式有以下 3 种。

1）普通：使用此种孤岛显示样式时，从图案填充的边界开始向内侧填充，当遇到封闭区域（孤岛）的边界时，终止填充，直到遇到第二个封闭区域（孤岛）边界时继续填充。即从填充边界开始向里填充，遇到奇数次相交区域时被填充，遇到偶数次相交区域时不被填充，如图 2.37（a）所示。

2）外部：使用此种孤岛显示样式时，从图案填充的边界开始向内侧填充，当遇到封闭区域（孤岛）的边界时，终止填充，如图 2.37（b）所示。

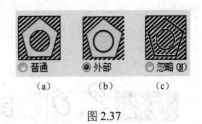

图 2.37

3）忽略：使用此种孤岛显示样式时，从图案填充的边界开始向内侧填充，忽略内部所有的封闭区域（孤岛），如图 2.37（c）所示。

5.【边界保留】选项组

用于确定是否将边界保留为对象，并确定应用于边界对象的类型是多段线还是面域。

6.【边界集】选项

用于定义边界集。

7.【允许的间隙】选项

设置将对象用作图案填充边界时可以忽略的最大间隙，默认值为"0"，此值指定对象必须是封闭区域而且没有间隙。

8.【继承选项】选项

使用继承特性创建图案填充时，控制图案填充原点的位置。

▌小贴士 ▬▬▬▬▬▬▬▬▬▬▬▬▬▬▬▬▬▬▬▬▬▬▬▬▬▬▬▬▬▬▬▬

1）图案填充的边界必须是封闭的图形才能进行填充，否则会出现填充不上或者填充错误的情形。

2）填充比例没有固定数值，需要用试错法进行确定。

3）通过单击【图案填充创建】选项板的【选项】右侧的小箭头，弹出【图案填充和渐变色】对话框。

思考提高

利用所学知识填充图 2.38 所示图形。

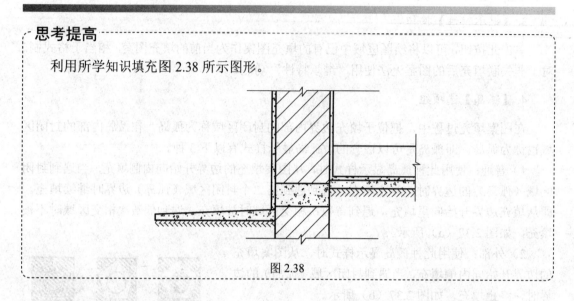

图 2.38

任务 2.6 图 块

2.6.1 图块的创建（block/B）

1. 功能

将逻辑上相关联的一系列图形对象定义为一个整体。

2. 命令启动方式

1）下拉菜单：单击【绘图】下拉菜单→【块】下拉菜单→【创建块】按钮。

2）命令行：block（b）✓。

3.【块定义】对话框各选项含义

1）【名称】文本框：输入块的名称。

2）【基点】选项组：选择所创建块的基点，有三种方式：

● 在屏幕上指定：勾选此选项，然后单击【确定】按钮，回到绘图区域，用户可以在绘图区域自行选择基点。

● 拾取点：单击【拾取点】按钮，用户会回到绘图区域捕捉相应的点作为基点。

● 坐标文本框：在坐标文本框中输入基点坐标值。

3）【对象】选项组：选择需要定义为块的图形对象。

- 【在屏幕上指定】复选框：勾选【在屏幕上指定】复选框，然后单击【确定】，会回到绘图区域上选择对象。
- 【选择对象】按钮：单击【选择对象】按钮，会回到绘图区域选择对象。
- 【快速选择对象】按钮：单击【快速选择对象】按钮可以将具有相同性质的图形批量选中。
- 【保留】单选框：将被创建成块的原图形保留。
- 【转换为块】单选框：将被创建成块的原图形转换为块。
- 【删除】单选框：将被创建成块的原图形删除。

4）【方式】选项组。

- 【注释性】复选框：在图块中输入注释性信息。
- 【按统一比例缩放】复选框：在插入图块时，图块可以在 X、Y 方向上按照统一比例缩放。
- 【允许分解】复选框：选择该选项时，在插入图块时，将图块分解成单独的实体，否则插入的图块为一个整体。

5）【设置】选项组。

- 【块单位】下拉列表：选择所需的图形单位。
- 【超链接】按钮：在所创建的图块上设置超链接。

【例 2.21】将图 2.39 所示的图形定义为块"轴线圈"。

命令行提示及操作如下：

　　命令：B✓

弹出【块定义】对话框，如图 2.40 所示。

在【名称】下拉列表中输入块名称【轴线圈】，利用【拾取点】的方式选取直线的下端作为基点。在【对象】选项组中单击【选择对象】按钮，返回到绘图区域选取相应图形，回车返回【块定义】对话框，单击【确定】按钮，完成块的创建。

图 2.39

图 2.40

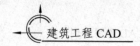

2.6.2 图块的保存（wblock/W）

1. 功能

将当前指定的图形或者已定义的图块作为一个独立的文件存盘。

2. 命令启动方式

命令行：wblock（w）✓。

3.【写块】对话框各选项含义

1)【源】选项组：选择保存为图块的源图形。

● 【块】单选框：选择已经定义过的图块。

● 【整个图形】单选框：将当前文件中所有图形保存为块。

● 【对象】单选框：将当前文件中某个图形保存成块。

2)【基点】选项组。

● 【拾取点】：单击【拾取点】按钮，用户会回到绘图区域捕捉相应的点作为基点。

● 【坐标文本框】：在坐标文本框中输入确定的坐标作为基点。

3)【对象】选项组：选择需要定义为块的图形对象。

● 【选择对象】按钮：单击该按钮，会回到绘图区域选择对象。

● 【快速选择对象】按钮：单击该按钮可以将具有相同性质的图形批量选中。

● 【保留】单选框：将被创建成块的原图形保留。

● 【转换为块】单选框：将被创建成块的原图形也转换为块。

● 【删除】单选框：将被创建成块的原图形删除。

4)【目标】选项组。

● 【文件名和路径】下拉列表：单击下拉列表，选择文件存储路径。

● 【插入单位】下拉菜单：选择插入图块使用的单位。

【例 2.22】保存例 2.21 中定义的"轴线圈"块。

命令行提示及操作如下：

命令：W✓

弹出【写块】对话框，如图 2.41 所示。在【源】选项组中单击【块】单选框，单击右侧的下拉列表并选择"轴线圈"。在【文件名和路径】下拉列表中选择图块的保存路径，在【插入单位】下拉列表中选择"毫米"，单击【确定】按钮完成图块的保存。

图 2.41

小贴士

若【写块】的源对象是已经定义好的块，则在写块时不用重复指定基点和对象。

2.6.3　图块的插入（insert/I）

1. 功能

将已定义好的图块插入到当前的图形文件中。

2. 命令启动方式

命令行：insert（i）↙。

3.【插入】对话框各选项含义

1）【名称】下拉列表：输入所要插入块的名称，也可以单击下拉箭头选择需要插入的
块的名称，或者单击右侧的"浏览"按钮，选择保存过的图块文件。

2）【插入点】选项组。

● 在屏幕上指定：勾选此选项，然后单击【确定】按钮，会回到绘图区域，用户可
以在绘图区域自行选择插入点。

● 坐标文本框：在坐标文本框中输入确定的坐标作为插入点的坐标。

3）【比例】选项组：确定插入图块在新文件中的缩放比例。

● 【在屏幕上指定】复选框：勾选【在屏幕上指定】复选框，然后单击【确定】，会
回到绘图区域指定比例。

- 坐标文本框：在坐标文本框中输入 X、Y、Z 坐标的缩放比例。
- 【统一比例】复选框：勾选此选项，则插入的块在 X、Y、Z 三个方向的缩放比例相同。

4）【旋转】选项组：确定插入图块在新文件中的旋转角度。

- 【在屏幕上指定】复选框：勾选此复选框，然后单击【确定】，会回到绘图区域指定旋转角度。
- 【角度】文本框：在文本框中输入旋转角度。
- 【分解】复选框：选择该选项插入图块时，将图块分解成单独的实体，否则插入的图块为一个整体。

5）【分解】复选框：选择该选项插入图块时，将图块分解成单独的实体，否则插入的图块为一个整体。

【例 2.23】新建文件"平面图.dwg"，并插入图块"轴线圈"。

命令行提示及操作如下：

命令：I↙

图 2.42

弹出【插入】块对话框，如图 2.42 所示。单击【名称】下拉列表右侧的【浏览】按钮，选择"轴线圈"图块；勾选【插入点】选项组中的"在屏幕上指定"复选框，单击【确定】按钮返回到绘图窗口，此时光标变为带有插入图块的十字光标。

系统提示：

指定插入点或 [基点 (B) / 比例 (S) / 旋转 (R)]：在屏幕上合适的位置单击，插入图块。

【例 2.24】新建文件"平面图.dwg"，并插入图块"轴线圈"。要求：旋转 90°，统一比例插入，插入图形为原图形的 2 倍，在新文件中被分解。

命令行提示及操作如下：

命令：I↙

弹出【插入】块对话框。单击【名称】下拉列表右侧的【浏览】按钮，选择"轴线圈"图块；勾选【插入点】选项组中的【在屏幕上指定】复选框；在【比例】选项组勾选【统一比例】，并且在"坐标文本框"中输入 2，以原图的 2 倍插入；在【旋转】选项组中的"角度"文本框中输入 90，再单击【确定】按钮返回到绘图窗口，此时光标变为带有插入图块的十字光标。

系统提示：

指定插入点或 [基点 (B) / 比例 (S) / 旋转 (R)]：在屏幕上合适的位置单击，插入图块

2.6.4 图块的重定义与修改

1. 图块的重命名（rename/REN）

1）功能

对图块重新命名，但不改变图块的内容。

2）命令启动方式：

● 下拉菜单：单击【格式】下拉菜单下的【重命名】按钮。

● 命令行：rename(ren)↙。

【例 2.25】将"轴线圈"块重命名为"zxq"。

命令行提示及操作如下：

命令：RENAME↙

弹出【重命名】对话框，如图 2.43 所示。在【命名对象】列表中选择"块"，然后在"项数"列表中选择"轴线圈"，或者在【旧名称】文本框中输入"轴线圈"，在【重命名为（R）】文本框中输入"zxq"，单击【确定】按钮。

块"轴线圈"的名称便改为了"zxq"，但新名称只存在于当前图形中，若要保留新名称，需要执行保存图块命令。

图 2.43

2. 图块的重定义

1）功能：改变图块的内容，但不改变图块的名称，注意与图块重命名相区别。

2）命令启动方式：

● 将需要重定义的块进行分解，然后对分解后的块进行编辑修改后重定义为同名块，此时块库中的定义就会被修改，再次插入这个块的时候，会变成重新定义好的块。

● 重新执行创建块命令，选择块列表中的已有块名进行创建即可实现重定义块。

【例 2.26】将"轴线圈"块中的图形重定义为截断线图。

命令行提示及操作如下：

命令：B↙

弹出【块定义】对话框，在【名称】下拉列表中选择"轴线圈"，在【对象】选项组单击【选择对象】按钮，返回绘图窗口选择截断线图，回车，单击【确定】，回到绘图窗口上选择基点，即可将"轴线圈"图形换成截断线图。

3. 图块的在位编辑（refedit）

1）功能：在保证块不被分解的情况下，对块中的对象进行编辑。

2）命令启动方式

● 下拉菜单：单击【插入】→【参照】→【编辑参照】按钮。

● 命令行：refedit↙。

【**例 2.27**】将块"轴线圈"中的圆的直径缩小 10 个单位。

命令行提示及操作如下：

命令：i↙

在当前文件中插入"轴线圈"块。

命令：refedit↙

选择参照：选择预先插入的图块，系统弹出【参照编辑】对话框，如图 2.44 所示，单击【确定】按钮，回到绘图窗口。此时绘图窗口上出现【参照编辑】工具条，如图 2.45 所示。选择轴线圈中的圆，将其直径缩小 100 个单位。单击【保存参照编辑】按钮，弹出如图 2.46 所示的对话框。

图 2.44

图 2.45

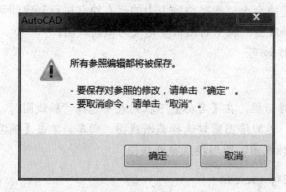

图 2.46

思考提高

创建电脑桌图块，如图 2.47 所示。

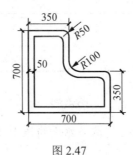

图 2.47

 任务实施

1. 图 2.1 的绘制

图形分析：图 2.1 由矩形、圆、圆弧、直线组成，整体呈现左右对称的特点，可以先画出左半部分或右半部分后进行镜像处理得到整个图形。

绘制过程如下：

第 1 步：绘制图 2.1 的外边框。

命令：REC✓
REC RECTANG
指定第一个角点或 [倒角(C)/标高(E)/圆角(F)/厚度(T)/宽度(W)]：在屏幕上合适的位置单击
指定另一个角点或 [面积(A)/尺寸(D)/旋转(R)]：d ✓
指定矩形的长度 <10.0000>：2820 ✓
指定矩形的宽度 <10.0000>：1520 ✓
指定另一个角点或 [面积(A)/尺寸(D)/旋转(R)]：在矩形的右下角单击

第 2 步：绘制图 2.1 的外边框水平、垂直中线，如图 2.S-1 所示。

命令行输入：L ✓
LINE
指定第一个点：捕捉住左边线中点后单击
指定下一点或 [放弃(U)]：捕捉住右边线中点后单击
指定下一点或 [放弃(U)]：✓
命令行输入：L ✓
LINE
指定第一个点：捕捉住上边线中点后单击
指定下一点或 [放弃(U)]：捕捉住下边线中点后单击
指定下一点或 [放弃(U)]：✓

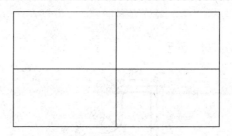

图 2.S-1

第 3 步: 绘制边框左边底线上的两条水平短线 B′B 和 A′A。

绘制 B′B, 如图 2.S-2 所示。

命令行输入: L ✓

LINE

指定第一个点:运用对象捕捉追踪, 捕捉住左上角点后向下追踪135✓

指定下一点或 [放弃(U)]: 200 ✓

指定下一点或 [放弃(U)]: ✓

绘制 A′A

命令行输入: L ✓

LINE

指定第一个点: 运用对象捕捉追踪, 捕捉住左下角点后向上追踪135✓

指定下一点或 [放弃(U)]: 200 ✓

指定下一点或 [放弃(U)]: ✓

第 4 步: 绘制圆弧 AB。

命令行输入: A ✓

ARC

圆弧创建方向: 逆时针(按住 Ctrl 键可切换方向)

指定圆弧的起点或 [圆心(C)]: (在下部短直线端点 A 上单击, 如图 2.S-3 所示)

指定圆弧的第二个点或 [圆心(C)/端点(E)]: e ✓

指定圆弧的端点:在下部短直线端点 B 上单击, 如图 2.S-4 所示

指定圆弧的圆心或 [角度(A)/方向(D)/半径(R)]: r 指定圆弧的半径: 625 ✓

圆弧 AB 绘制完成, 如图 2.S-5 所示。

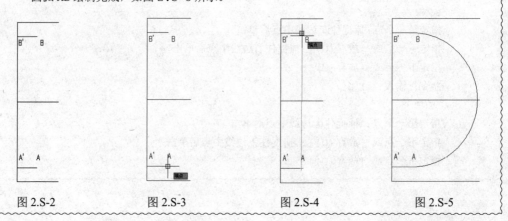

图 2.S-2　　　　图 2.S-3　　　　图 2.S-4　　　　图 2.S-5

第 5 步：绘制左边直径为 175 的圆。

命令：L ✓

LINE

指定第一个点:捕捉住矩形的左下角点,水平向右追踪 585 ✓

指定下一点或 [放弃(U)]:捕捉到上边线的垂足后单击,绘制一条过 C 点的垂线作为辅助线,如图 2.S-6 所示.

指定下一点或 [放弃(U)]: ✓

命令：C ✓

CIRCLE

指定圆的圆心或 [三点(3P)/两点(2P)/切点、切点、半径(T)]:在 C 点处单击

指定圆的半径或 [直径(D)]:175 ✓

圆 C 绘制完毕,然后修剪掉圆 C 上多余直线。

命令：TR ✓

TRIM

当前设置:投影=UCS,边=无

选择剪切边...

选择对象或 <全部选择>:找到 1 个 ✓

选择对象:

选择要修剪的对象,或按住 Shift 键选择要延伸的对象,或[栏选(F)/窗交(C)/投影(P)/边(E)/删除(R)/放弃(U)]:单击圆 C 下部多余直线

选择要修剪的对象,或按住 Shift 键选择要延伸的对象,或[栏选(F)/窗交(C)/投影(P)/边(E)/删除(R)/放弃(U)]:单击圆 C 上部多余直线

选择要修剪的对象,或按住 Shift 键选择要延伸的对象,或[栏选(F)/窗交(C)/投影(P)/边(E)/删除(R)/放弃(U)]: ✓

修剪完毕,如图 2.S-7 所示。

第 6 步：绘制圆 C 与左边框线的连线,如图 2.S-8 所示。

命令：L ✓

LINE

指定第一个点:捕捉住 B′点向下对象追踪,325 ✓

指定下一点或 [放弃(U)]:捕捉住圆 C 的切点,单击

指定下一点或 [放弃(U)]: ✓

命令：L ✓

LINE

指定第一个点:捕捉住 A′点向上对象追踪,325 ✓

指定下一点或 [放弃(U)]:捕捉住圆 C 的切点,单击

指定下一点或 [放弃(U)]: ✓

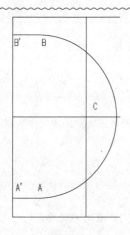

图 2.S-6

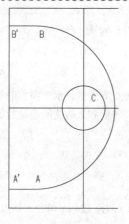

图 2.S-7

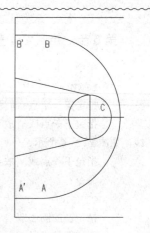

图 2.S-8

第 7 步：镜像左半部分图形。

命令：MI ✓

MIRROR

选择对象：用窗口方式选择如图 2.S-8 中所示图形

指定对角点：找到 12 个

用外边框的垂直中线作为镜像线

选择对象： 指定镜像线的第一点：单击垂直中线上部端点

指定镜像线的第二点：单击垂直中线下部端点

要删除源对象吗？[是(Y)/否(N)] ✓

第 8 步：绘制图 2.1 中心部分直径为 190 的圆。

命令：C ✓

CIRCLE

指定圆的圆心或 [三点(3P)/两点(2P)/切点、切点、半径(T)]：单击外边框两条中线的交点

指定圆的半径或 [直径(D)]：190 ✓

图 2.1 绘制完成，如图 2.S-9 所示。

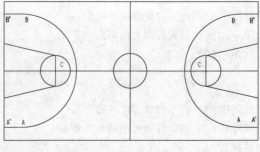

图 2.S-9

2. 图 2.2 的绘制

图形分析：图 2.2 由矩形、圆弧、直线组成，可以通过添加辅助线的方式捕捉特征点来绘制图形。

绘制过程如下：

第 1 步：绘制图 2.2 的外边框。

命令：REC✓
REC RECTANG
指定第一个角点或 [倒角(C)/标高(E)/圆角(F)/厚度(T)/宽度(W)]：在屏幕上合适的位置单击
指定另一个角点或 [面积(A)/尺寸(D)/旋转(R)]：d ✓
指定矩形的长度 <10.0000>：1400 ✓
指定矩形的宽度 <10.0000>：750 ✓
指定另一个角点或 [面积(A)/尺寸(D)/旋转(R)]：在矩形的右下角单击

第 2 步：利用辅助线确定直线 F'C',C'B'，如图 2.S-10 所示。

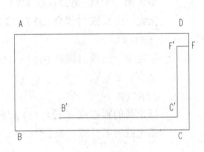

图 2.S-10

命令：L ✓
LINE
指定第一个点：捕捉 D 点
指定下一点或 [放弃(U)]：100✓（打开极轴追踪，垂直向下追踪 100，单击鼠标左键，绘制 F 点）
指定下一点或 [放弃(U)]：100✓（利用极轴追踪，在水平向左方向追踪 100，绘制 F'）
指定下一点或 [闭合(C)/放弃(U)]：550✓（垂直向下追踪 550，绘制 E'点）
指定下一点或 [闭合(C)/放弃(U)]：948✓（水平向左追踪 948，绘制 B'点）
指定下一点或 [闭合(C)/放弃(U)]：回车结束命令

第 3 步：绘制直线 F'A'，如图 2.S-11 所示。

命令：_line✓
指定第一个点：捕捉 F'点
指定下一点或 [放弃(U)]：948✓（打开极轴追踪，绘制水平向左的直线）
指定下一点或 [放弃(U)]：回车结束命令
绘制完内部直线部分后，删除辅助线 FF'

第 4 步：绘制圆弧部分。

命令：_arc✓
圆弧创建方向：逆时针（按住 Ctrl 键可切换方向）
指定圆弧的起点或 [圆心(C)]：（利用起点、端点、半径方式画弧，捕捉起点 A'，如图 2.S-12 所示。）
指定圆弧的第二个点或 [圆心(C)/端点(E)]：_e ✓
指定圆弧的端点：捕捉 B'点
指定圆弧的圆心或 [角度(A)/方向(D)/半径(R)]：_r 指定圆弧的半径：275✓（输入圆弧的半径，回车结束命令）

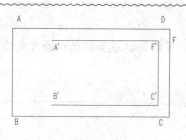

图 2.S-11

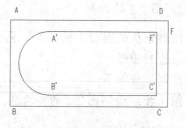

图 2.S-12

第 5 步: 绘制排水管部分。

命令: _line
指定第一个点: 捕捉直线 F′C′ 的中点
指定下一点或 [放弃(U)]: 100↙（水平向左绘制长度为 100 的直线，绘制出 E 点，如图 2.S-13 所示）
指定下一点或 [放弃(U)]: ↙
命令: C
CIRCLE
指定圆的圆心或 [三点(3P)/两点(2P)/切点、切点、半径(T)]: 捕捉 E 点
指定圆的半径或 [直径(D)]: 30↙（回车结束命令）

图 2.2 绘制完成，如图 2.S-14 所示。

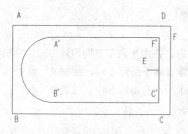

图 2.S-13

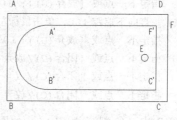

图 2.S-14

操 作 训 练

1. 直线类图形的绘制（训练图 2.1、训练图 2.2）

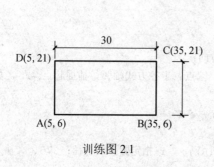

训练图 2.1

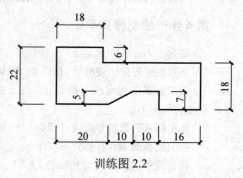

训练图 2.2

2. 多边形类图形的绘制（训练图 2.3、训练图 2.4）

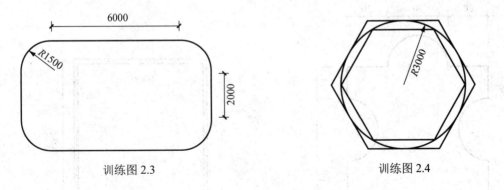

训练图 2.3　　　　　　　　　　　训练图 2.4

3. 曲线类图形的绘制训练（训练图 2.5 ~ 训练图 2.7）

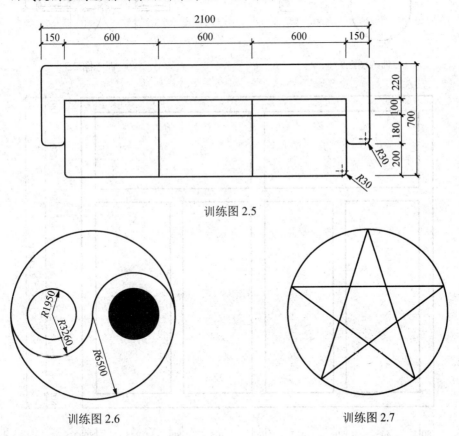

训练图 2.5

训练图 2.6　　　　　　　　　　训练图 2.7

4. 利用多段线、多线命令绘制图形（训练图 2.8～训练图 2.10）

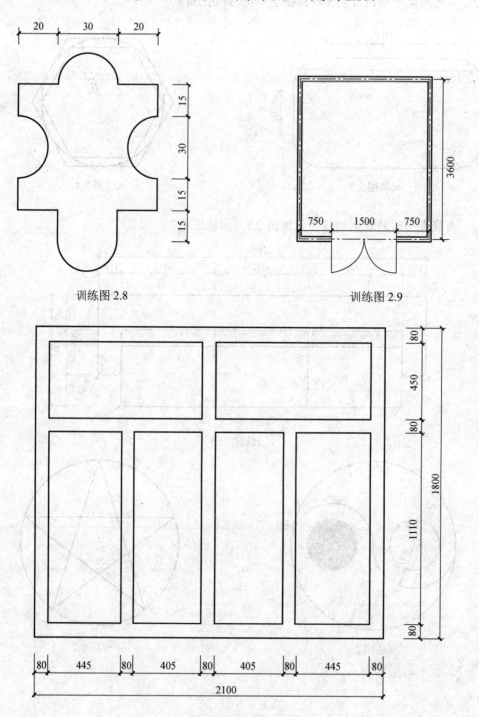

训练图 2.8

训练图 2.9

训练图 2.10

5. 利用点命令绘制图形（训练图 2.11、训练图 2.12）

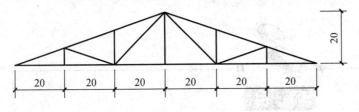

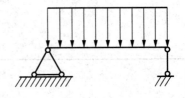

训练图 2.11　　　　　　　　　　　　　训练图 2.12

6. 图案填充（训练图 2.13、训练图 2.14）

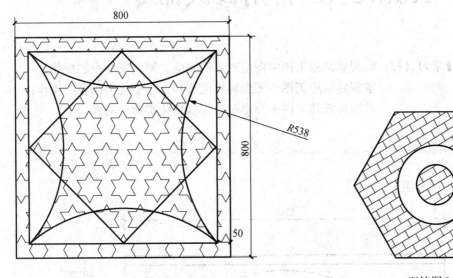

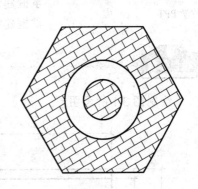

训练图 2.13　　　　　　　　　　　　　训练图 2.14

7. 图块的使用

（1）将图 2.47 所示的"电脑桌"图块分 4 次插入，大小是原图的 1/3，旋转角度分别为 0°、90°、180°、270°，效果如训练图 2.15 所示，将插入好的图形创建成块，名称为"电脑桌组"。

（2）将上题中创建的"电脑桌组"块写入磁盘中，再将其插入训练图 2.16 所示的办公室的平面图形中，大小为原图的 3 倍，最后效果如训练图 2.16 所示。

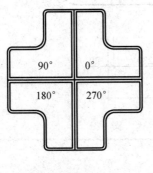

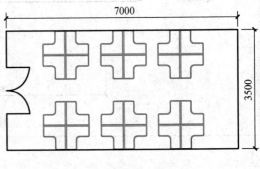

训练图 2.15　　　　　　　　　　　　　训练图 2.16

项目

AutoCAD 常用修改命令

教学 PPT

▋学习目标 掌握建筑施工图中图形对象的删除、复制类命令的操作；
掌握建筑施工图中图形对象位置和大小变化类命令的操作；
掌握建筑施工图中图形对象形状变化类命令的操作。

项目任务

绘制图 3.1 所示图形。

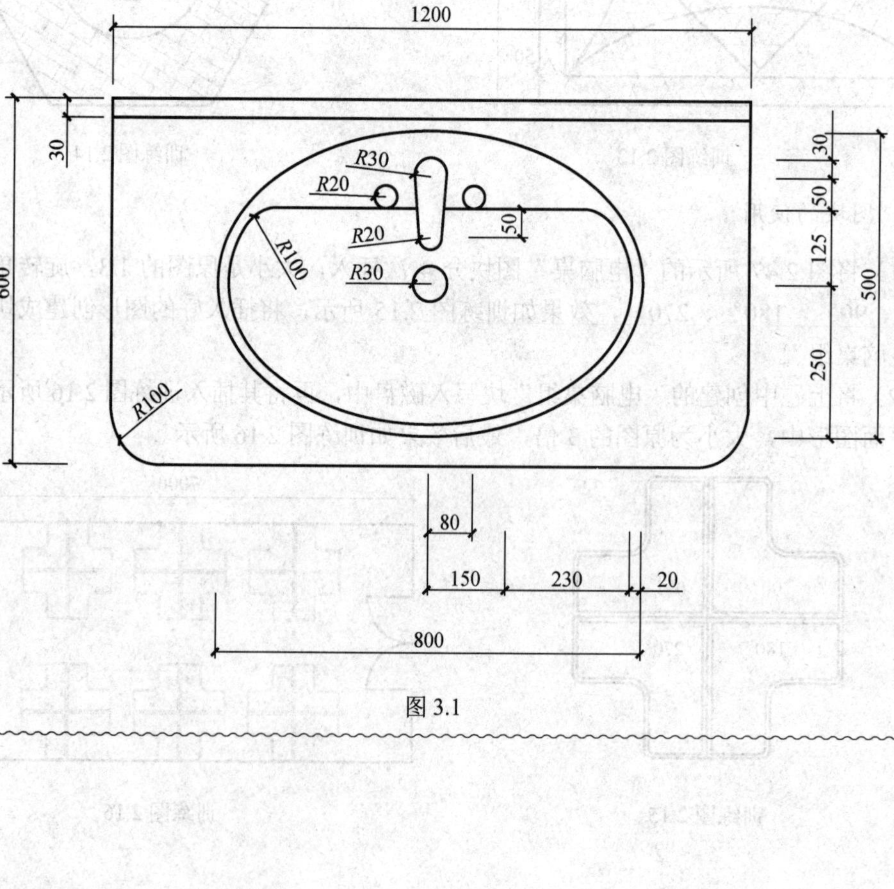

图 3.1

任务 *3.1*　图形对象的复制

3.1.1　复制（copy/CO/CP）

1. 功能

对指定图形对象进行一次或多次复制，并复制到指定位置。

2. 命令启动方式

1）选项卡：单击【默认】选项卡→【修改】面板→【复制】按钮 。

2）右键菜单：单击【复制选择】按钮。

3）命令行：Copy(Co 或 Cp)↙。

3. Copy 命令各选项含义

● 基点：代表被复制对象的整体点。

● 位移：利用键盘或鼠标输入一点，该点与上一点（尖括号中坐标表示的点）形成确定复制对象落点位置的位移矢量。

● 模式：用于控制被复制对象是复制单次还是多次。

■ 小贴士

当仅对图形对象复制一定的距离时，可在选择完复制对象，确定基点后，用光标给出方向，输入复制距离即可完成。

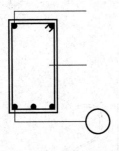

图 3.2

【例 3.1】利用复制命令绘出图 3.2 中其余钢筋的钢筋号圆圈。

命令行提示及操作如下：

命令：_copy↙
选择对象：找到 1 个（选择钢筋号圆圈）
选择对象：单击鼠标右键（结束选择对象过程）
当前设置：复制模式 = 多个
指定基点或 [位移(D)/模式(O)] <位移>:打开【对象捕捉】开关，选取圆与引线的交点为基点
指定第二个点或[阵列（A）] <使用第一个点作为位移>:单击箍筋引线的右端点
指定第二个点或 [阵列（A）/退出(E)/放弃(U)] <退出>:单击上部纵筋引线的右端点
指定第二个点或 [退出(E)/放弃(U)] <退出>:↙（右击，结束复制命令）

3.1.2 偏移复制（offset/O）

1. 功能

创建同心圆、平行线和平行曲线。

2. 命令启动方式

1）选项卡：单击【默认】选项卡→【修改】面板→【偏移】按钮 。

2）命令行：Offset(o)↙。

3. Offset 命令各选项含义

- 偏移距离：确定偏移对象的位置距离。可直接输入一个距离值，也可在"指定偏移距离"提示下，利用鼠标点取两点，系统会自动计算两点间的距离并将其作为偏移距离。
- 通过(T)：通过某一点创建偏移对象。点取一点，无须输入偏移距离。
- 删除(E)：确定是否在偏移完成后删除源对象。
- 图层(L)：用于确定将创建的偏移对象是设置在当前图层上还是设置在被偏移对象（源对象）所在的图层上。
- 退出(E)：结束偏移命令。
- 放弃(U)：放弃上一次所选的被偏移对象或放弃上一次创建的偏移对象。
- 多个(M)：用于将当前选取的被偏移对象按照指定偏移距离或指定点连续多次进行偏移。

4. 说明

1）进行偏移的图形对象可以是直线、多段线、构造线、射线、样条曲线、圆弧、圆、椭圆弧和椭圆，如图 3.3 所示。

2）确定偏移距离后，可多次选取不同的偏移对象进行偏移。

【例 3.2】画出图 3.4 中图形，间距为 8mm。

图 3.3　　　　　　　　　　　　　　　　　　图 3.4

命令行提示及操作如下：

先绘制出图形 IS，绘制过程（略）。

命令: _offset↙

当前设置: 删除源=否　图层=源　OFFSETGAPTYPE=0

指定偏移距离或 [通过(T)/删除(E)/图层(L)] <通过>:8↙（输入 8 确定偏移距离）

选择要偏移的对象, 或 [退出(E)/放弃(U)] <退出>:单击直线

指定要偏移的那一侧上的点, 或 [退出(E)/多个(M)/放弃(U)] <退出>:点取直线左侧任意一点
（即在要偏移对象的一侧点取一点用来确定偏移方向, 同时得出偏移后的直线）

选择要偏移的对象, 或 [退出(E)/放弃(U)] <退出>:点取曲线

指定要偏移的那一侧上的点, 或 [退出(E)/多个(M)/放弃(U)] <退出>:单击曲线右侧任意
一点

选择要偏移的对象, 或 [退出(E)/放弃(U)] <退出>:单击鼠标右键或↙或输入"E"

3.1.3　阵列（array/AR）

1. 功能

对选定的图像对象进行有规律的多重复制。

2. 命令启动方式

1）选项卡：单击【默认】选项卡→【修改】面板→【修改】按钮 。

2）命令行：array(ar)↙。

3. 阵列的类型

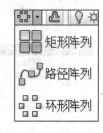

阵列分矩形阵列、路径阵列和环形阵列。矩形阵列是按指定的行数
和列数复制图形对象；路径阵列是按指定的某条路径（可以是直线, 也
可以是曲线, 包括圆、圆弧、多段线、样条曲线）复制对象；环形阵列
是围绕中心点在一定角度范围内按照指定数量复制图形对象。

单击【修改】工具栏的【阵列】下拉按钮, 屏幕出现阵列下拉菜单,
如图 3.5 所示。

图 3.5

（1）矩形阵列

单击 图标, 屏幕出现【矩形阵列】对话框, 如图 3.6 所示。

矩形阵列
（视频）

图 3.6

【矩形阵列】对话框各选项的含义（"环形阵列""路径阵列"对话框中同名选项卡、编
辑框和按钮与此含义相同）：

- 【行】【列】选项卡：用于输入阵列的行数和列数。行数、列数都是不小于 1 的整
  数。可以直接输入数字, 也可以输入函数。"环形阵列"对话框中同名选项卡与此
  含义相同。

- 【介于】编辑框：用于输入每两个相邻对象之间的行间距或列间距。可在编辑框中输入数值或函数。行间距，正数表示向被偏移对象的上方偏移，负数表示向被偏移对象的下方偏移。列间距，正数表示向被偏移对象的右方偏移，负数表示向被偏移对象的左方偏移。
- 【总计】编辑框：输入列数、列间距，以及行数和行间距后，该编辑框中的参数将自动改为两者之积；若在该编辑框中输入所需参数，则系统将按列数或行数平均分配该参数，并将均值显示在"介于"编辑框中。
- 【层级】选项卡：用于设置阵列的层数和层距，通常用于三维建模。
- 【关联】按钮：选中该按钮，则阵列后的所有对象将成为一个整体；否则，阵列后的对象将单独显示。可以用阵列编辑进行再次编辑，任选其中任一对象都可以选中整体阵列。
- 【基点】按钮：选中该按钮，可以根据需要对基点进行调整。其目的主要便于操作控制。

路径阵列
（视频）

对于已经创建完成的矩形矩阵，仍然可以进行编辑。

（2）路径阵列

单击【阵列】工具栏的 图标，屏幕出现【路径阵列】对话框，如图 3.7 所示。

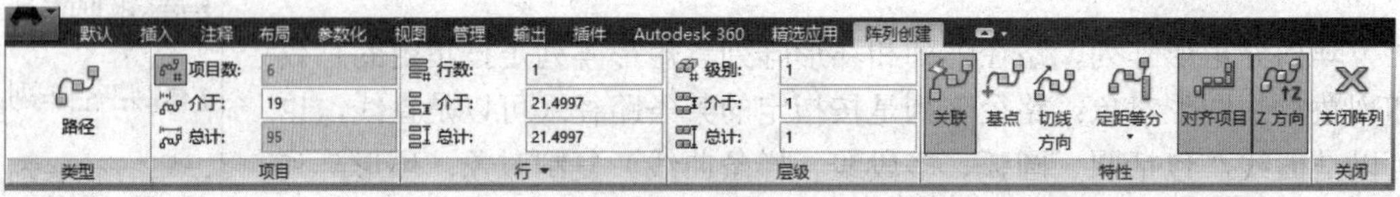

图 3.7

- 【项目数】编辑框：用于输入阵列中，复制对象的个数，项目数是不小于 1 的整数。
- 【介于】编辑框：用于输入每两个相邻对象之间的项间距，可在编辑框中直接输入不小于 1 的数值。
- 【总计】编辑框：指定第一项到最后一项之间的项目的总距离，一般情况下自动生成，也可手动输入。
- 【定距等分】下拉按钮：用于指定编辑路径时或通过夹点或"特性"选项卡编辑项目数时，阵列对象能按指定的项目间距分布。
- 【定数等分】按钮：用于指定阵列对象沿路径的长度平均定数等数分布。
- 【切线方向】按钮：用于指定相对于路径曲线的第一个项目的位置。使阵列对象沿路径曲线的切线方向分布，允许指定与路径曲线的起始方向平行的两个点。
- 【对齐项目】按钮：指定阵列对象的分布方向是否与路径方向相切。对齐相对于第一个项目的方向。
- 【Z 方向】按钮：用于控制阵列是否保持项的原始 z 方向，还是沿二维路径倾斜。

（3）环形阵列

单击【修改】工具栏 图标，出现"环形阵列"对话框，如图 3.8 所示。

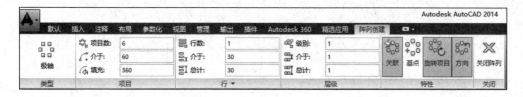

图 3.8

- 【填充】编辑框：指定阵列中的第一项和最后一项之间的填充角度。
- 【旋转项目】按钮：控制在阵列时复制对象是否旋转。启动【旋转】按钮时，如图 3.9 所示，未启动【旋转】按钮时，如图 3.10 所示。系统默认阵列对象以指定基点为圆心，基点和阵列对象的中点的连接距离为半径，逆时针旋转。

图 3.9 　　　　　　　　　　　　　　　图 3.10

- 【方向】按钮：控制阵列对象的分布是否为逆时针阵列。该按钮用于填充角度小于 360° 时。
- 【编辑来源】按钮：可以激活编辑状态，对阵列中选定的源对象进行拉伸、旋转等编辑。激活该按钮时，屏幕提示【阵列编辑状态】对话框，如图 3.11 所示。单击【确定】，进入编辑状态。对源图形进行编辑后，阵列中所有图形均发生改变，如图 3.12 所示。完成后，命令行输入"ARRAYCLOSE"退出编辑状态。

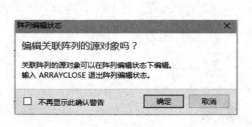

图 3.11

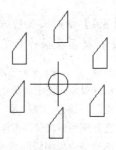

图 3.12

- 【替换项目】按钮：替换选定项或引用原始源对象的所有项的源对象。如将图 3.13 替换为图 3.14，将圆替代阵列中的梯形。
- 【重置矩阵】按钮：恢复已删除项并删除任何替代项。重置前后效果如图 3.13 和图 3.14 所示。

图 3.13   图 3.14

【例 3.3】已知矩形边长为 4、5，绘制图 3.15 所示图形。要求：行距为 15，列距为 10。
先绘制一个边长为 4、5 的矩形。

命令行提示及操作如下：

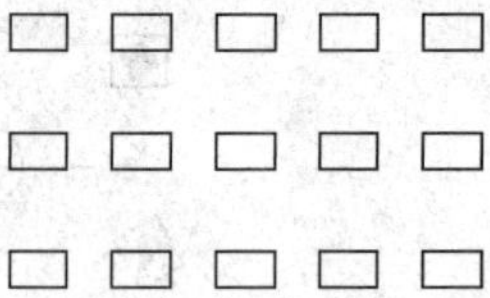

命令：ar↙

选择对象：单击矩形，找到 1 个

选择对象： 输入阵列类型 [矩形 (R) /路径 (PA) /极轴 (PO)] <
矩形>:↙

类型=矩形 关联=是

选择夹点以编辑阵列或 [关联 (AS) /基点 (B) /计数 (COU) /间距

图 3.15

(S) /列数 (COL) /行数 (R) /层数 (L) /退出 (X)] <退出>：(在行、列选项卡中按图 3.16 所示填写列数、
行数、列间距、行间距，并回车确认)。

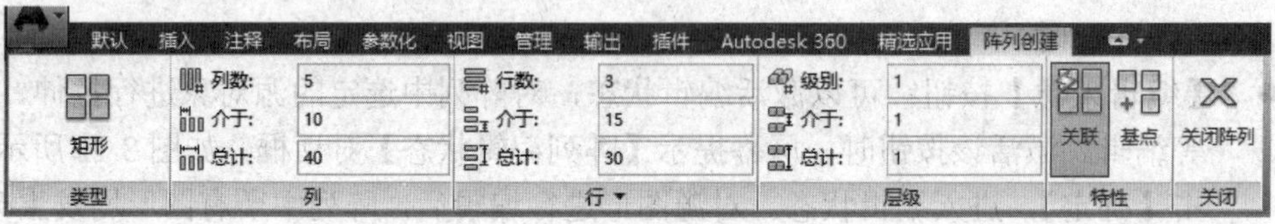

图 3.16

【例 3.4】绘制图 3.17 所示图形。

命令行提示及操作如下：

命令：_arraypath↙

选择对象：指定对角点：选择梯形↙（找到 7 个）

类型 =路径 关联=是

选择路径曲线：单击样条曲线

选择夹点以编辑阵列或 [关联 (AS) /方法 (M) /基点
(B) /切向 (T) /项目 (I) /行 (R) /层 (L) /对齐项目 (A) /Z 方
向 (Z) /退出 (X)] <退出>：_Base：单击"基点"按钮

指定基点或 [关键点 (K)] <路径曲线的终点>：单
击第一个梯形高线的中点

选择夹点以编辑阵列或 [关联 (AS) /方法 (M) /基点
(B) /切向 (T) /项目 (I) /行 (R) /层 (L) /对齐项目 (A) /Z 方
向 (Z) /退出 (X)] <退出>：_T

图 3.17

指定切向矢量的第一个点或 [法线(N)]:单击"切线方向"按钮,单击第一个梯形的底边中点

指定切向矢量的第二个点:单击第一个梯形的顶边中点

选择夹点以编辑阵列或 [关联(AS)/方法(M)/基点(B)/切向(T)/项目(I)/行(R)/层(L)/对齐项目(A)/Z 方向(Z)/退出(X)] <退出>:✓

【例3.5】绘制图 3.18 所示图形。

先绘制出圆、十字形直线和矩形 A,绘制过程略。

命令行提示及操作如下:

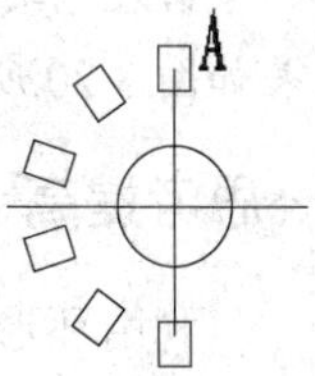

命令:AR✓

ARRAY

选择对象:单击矩形,找到 1 个

选择对象:输入阵列类型 [矩形(R)/路径(PA)/极轴(PO)] <路径>: po✓

类型 = 极轴　关联 = 是

指定阵列的中心点或 [基点(B)/旋转轴(A)]:

选择夹点以编辑阵列或 [关联(AS)/基点(B)/项目(I)/项目间角度(A)/填充角度(F)/行(ROW)/层(L)/旋转项目(ROT)/退出(X)] <退出>: i✓

输入阵列中的项目数或 [表达式(E)] <6>:✓

选择夹点以编辑阵列或 [关联(AS)/基点(B)/项目(I)/项目间角度(A)/填充角度(F)/行(ROW)/层(L)/旋转项目(ROT)/退出(X)] <退出>: f✓

指定填充角度(+=逆时针、-=顺时针)或 [表达式(EX)] <360>: 180✓

选择夹点以编辑阵列或 [关联(AS)/基点(B)/项目(I)/项目间角度(A)/填充角度(F)/行(ROW)/层(L)/旋转项目(ROT)/退出(X)] <退出>:✓

图 3.18

3.1.4　镜像(mirror/MI)

1. 功能

对选定的图形对象进行镜像对称变化,按给定的对称轴做反像复制。

2. 命令启动方式

1)选项卡:单击【默认】选项卡→【修改】面板→【镜像】按钮。
2)命令行:Mirror(Mi)✓。

▌小贴士

镜像线就是对称轴,由两点确定,不在屏幕中显示出来。

【例3.6】绘制图 3.19 所示图形。

先绘制直线 AB 和一侧的两个梯形,绘制过程(略)。

命令行提示及操作如下:

命令:_mirror✓

选择对象:鼠标框选需要复制的梯形

选择对象:找到7个,总计 7 个

选择对象: 右击结束对象选取

图 3.19

指定镜像线的第一点：打开【对象捕捉】开关，选取直线 A 点（确定镜像轴的第一点）

指定镜像线的第二点：选取直线 B 点（确定镜像轴的第二点，形成镜像轴）

要删除源对象吗？[是(Y)/否(N)] <N>：↙

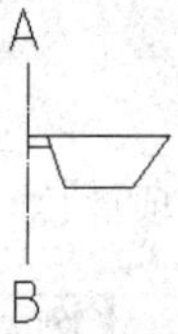

若在"要删除源对象吗？[是(Y)/否(N)] <N>:"提示下，输入"y"，则结果如图 3.20 所示。

图 3.20

思考提高

利用环形矩阵命令完成图 3.21、图 3.22 的绘制。

图 3.21

$R1800$

图 3.22

任务 3.2 图形对象的位置和大小变化

3.2.1 移动（move/M）

1. 功能

将指定的图形对象移动到新的指定位置，且不改变对象的大小和方向。

2. 命令启动方式

1）选项卡：单击【默认】选项卡→【修改】面板→【移动】按钮✛。

2）右键菜单：【移动】按钮。

3）命令行：move(M)↙。

3. Move 命令各选项含义

● 基点：代表被移动对象的整体点。

● 位移：利用键盘或鼠标输入一点，该点与上一点（尖括号中坐标表示的点）形成确定移动对象落点位置的位移矢量。

【例 3.7】将图 3.23 中的圆从 A 点移动至 B 点。

命令行提示及操作如下：

　　命令：_move↙

　　选择对象：单击圆，回车

　　指定基点或 [位移(D)] <位移>：打开【对象捕捉】开关，
单击 A 点

　　指定第二个点或 <使用第一个点作为位移>：单击 B 点

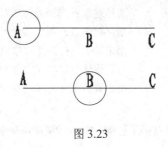

图 3.23

3.2.2　旋转（rotate/RO）

1. 功能

将选定的图形对象绕指定点（基点）旋转指定角度。

2. 命令启动方式

1）选项卡：单击【默认】选项卡→【修改】面板→【旋转】按钮。

2）右键快捷菜单：【旋转】按钮。

3）命令行：rotate(RO)↙。

3. Rotate 命令各选项含义

● 基点：代表旋转的指定围绕点。
● 旋转角度：确定绕基点旋转的角度。在"指定旋转角度"的提示下，此时可见屏幕上被选对象跟随鼠标的移动进行动态旋转。用户可以直接输入旋转角度值，也可以利用鼠标指定第二点，系统将自动计算这两点（基点和第二点）的连线与 X 轴正向的夹角，并以此作为被选对象的旋转角。
● 复制(C)：将被旋转的对象复制保留在其初始位置上。
● 参照(R)：将被选对象从指定的参照角度旋转到新的绝对角度。

参照角度和新角度都可通过输入具体角度值或指定两点（连接两点的直线矢量与 X 轴正向夹角）来确定角度值。被选对象绕基点旋转的角度值为新角度与参照角度之差。

【例 3.8】将图 3.24 中所示的图形作为源对象，绘制图 3.25 所示图形。

图 3.24　　　　　　　　　　　　　　　　　　　　图 3.25

先在屏幕上绘制图 3.24 所示图形，绘制过程（略）。

命令行提示及操作如下：

　　命令：_rotate↙

　　UCS 当前的正角方向：ANGDIR=逆时针　ANGBASE=0（显示当前坐标系角度的正方向和起始角的位置）

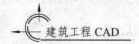
选择对象：选择被旋转对象字母和直线
指定对角点：找到 2 个 ↙
指定基点：打开【对象捕捉】开关，选取直线左端点作为基点
指定旋转角度，或 [复制(C)/参照(R)] <180>:C↙
指定旋转角度，或 [复制(C)/参照(R)] <0>: 45↙

■ 小贴士 ■

在旋转角度不易确定的情况下适宜使用参照选项。

3.2.3 比例缩放（scale/SC）

1. 功能

将选定的图形对象以基点为中心点按比例进行缩放。

2. 命令启动方式

1）选项卡：单击【默认】选项卡→【修改】面板→【缩放】按钮 ⬚。
2）右键菜单：【缩放】按钮。
3）命令行：scale(SC)↙。

3. scale 命令各选项含义

- 基点：缩放的指定中心点。图形对象缩放前后以基点为中心点，中心点的位置不变。
- 比例因子：确定以基点为中心点进行图形对象缩放的比例值，比例因子大于 1 则放大，比例因子小于 1 则缩小。
- 参照(R)：选择该选项后，系统首先提示用户指定参照长度（缺省为1），然后再指定一个新的长度，并以新的长度与参照长度之比作为比例因子。在图形对象原始长度不确定或是缩放比例不确定时适宜使用参照选项。

■ 小贴士 ■

缩放是指对图形对象实际大小尺寸进行缩小或放大，而不是执行 ZOOM 命令时的视图的缩小放大。

【例 3.9】将图 3.26 所示的图形放大 2 倍。
图形绘制过程（略）
命令行提示及操作如下：

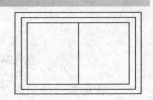

图 3.26

命令：_scale↙
选择对象：（选取全部图形）
找到 4 个：↙
指定基点：<对象捕捉开> 打开【对象捕捉】开关，选取图形左下角点作为基点
指定比例因子或[参照(R)]：2↙ 输入缩放的比例，结束命令

■ 小贴士

1）拉伸命令必须使用交叉窗口或交叉多边形的方式来选择对象。

2）当选择全部图形时，拉伸命令功能同移动命令。

3.2.4　拉伸（stretch/S）

1. 功能

将选定的图形部分内容沿任一方向以给定的距离拉长或缩短，对选定的全部图形可以进行移动。

2. 命令启动方式

1）选项卡：单击【默认】选项卡→【修改】面板→【修改】按钮 。

2）命令行：stretch(S)✓。

【例 3.10】请用拉伸命令，将图 3.27 所示图形拉伸为图 3.28。

图 3.27　　　　　　　　　　　　　　　　　　　　图 3.28

命令行提示及操作如下：

命令：_stretch✓
以交叉窗口或交叉多边形选择要拉伸的对象
选择对象：指定对角点:利用交叉窗口方式选择右侧部分图形
选择对象：✓
指定基点或位移：在屏幕上任意一点单击作为基点
指定位移的第二个点或〈用第一个点作位移〉：@10<60✓（输入相对于基点的第二点相对极坐标，确定被选对象拉伸或压缩的指定位置，结束命令）

任务 *3.3*　图形对象的形状变化

3.3.1　修剪（trim/TR）

修剪命令

（视频）

1. 功能

用指定的边界（由一个或多个对象定义的剪切边）修剪与其相交的指定对象。修剪命令的功能较强，可用于绘制编辑墙体平面、构件轮廓、尺寸线和表格等。

2. 命令启动方式

1）选项卡：单击【默认】选项卡→【修改】面板→【修改】按钮 ⌐ 。

2）命令行：trim(TR)↙。

3. trim命令各选项含义

● 选择对象：选择修剪边界。

● 全部选择：将图形文件中所有的图形作为修剪边界。

● 栏选：选择与选择栏相交的所有对象。选择栏是一系列临时线段，它们是用两个或多个栏选点指定的，选择栏不构成闭合环。

● 窗交：选择矩形区域（由两点确定）内部或与之相交的对象。

● 投影：指定修剪对象时使用的投影方式。

● 边：隐含边是否延伸。在选择被修剪对象前，如果选择"边(E)"，则系统会提示输入隐含边延伸模式，隐含延伸边模式为"不延伸"时，表示只有当被剪切对象与剪切边相交才可以被剪切，如图3.29所示。隐含延伸边模式为"延伸"时，表示只要被剪切对象或剪切边延伸后能够相交就可以被剪切，如图3.30所示。

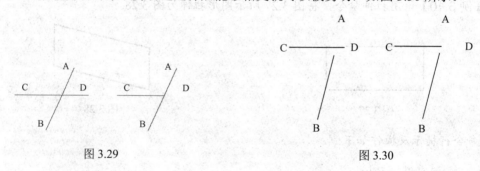

图3.29   图3.30

● 删除：删除选定的对象。此选项提供了一种用来删除不需要的对象的简便方式，而无须退出Trim命令。

● 放弃：撤销由Trim命令所做的最近一次更改。

■ 小贴士 ■

剪切边可以是直线、圆弧、圆、多段线、椭圆、样条曲线、构造线、射线和图纸空间中的视口。

【例3.11】将图3.31中直线CD超出直线AB的部分剪除。
命令行提示及操作如下：

命令：_trim↙
当前设置:投影=UCS，边=无
选择剪切边...
选择对象：单击直线AB ↙（将直线AB作为剪切边）
选择要修剪的对象，或按住 Shift 键选择要延伸的对象，或
[投影(P)/边(E)/放弃(U)]：（单击直线 DE 上任一点   直线 CD 被剪

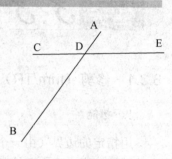

图3.31

切掉)。

　　　　选择要修剪的对象,或按住 Shift 键选择要延伸的对象,或[投影(P)/边(E)/放弃(U)]:✓

3.3.2　延伸(extend/EX)

拉伸命令
(视频)

1. 功能

将所选对象精确延伸至延伸边界。

2. 命令启动方式

1)选项卡:单击【默认】选项卡→【修改】面板→【延伸】按钮━╱

2)命令行:extend(ex)✓。

3. extend 命令各选项含义

1)选择对象:选择延伸边界。

2)全部选择:将图形文件中所有的图形作为延伸边界。

其余选项含义与修剪命令中相同。

【例 3.12】将图 3.32 中直线 A、B 延伸至直线 C 处。

命令行提示及操作如下:

　　命令:_extend✓

　　当前设置:投影=UCS,边=无

　　选择边界的边...

　　选择对象:单击直线 C✓(确定直线 C 为延伸边界)

　　选择要延伸的对象,或按住 Shift 键选择要修剪的对象,或[投影(P)/边(E)/放弃(U)]:单击直线 A 上端部分,延伸直线 A

　　选择要延伸的对象,或按住 Shift 键选择要修剪的对象,或[投影(P)/边(E)/放弃(U)]:单击直线 B 上端部分,延伸直线 B

　　选择要延伸的对象,或按住 Shift 键选择要修剪的对象,或[投影(P)/边(E)/放弃(U)]:✓

结束命令,如图 3.33 所示。

图 3.32　　　　　　　　　　　　　　　　图 3.33

▌小贴士

1)选择要延伸的对象时,选点靠近延伸边界的一侧被延长。

2)直线可以延伸到圆或曲线的切点。

3)无法延伸圆。

3.3.3 打断（break/BR）

1. 功能

打断对象或删除对象的一部分。

2. 命令启动方式

1）选项卡：单击【默认】选项卡→【修改】面板→【打断】按钮 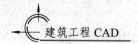。

2）命令行：break(br)↙。

3. break 命令各选项含义

● 打断点：打断对象时，需要确定两个断点，即打断点。当两个断点不重合时，则删除断点之间的对象；当两个断点重合时，则将对象在断点处打断为两个对象。指定第二个打断点时输入@，表示第二断点与第一端点重合。

【例 3.13】将图 3.34 中的圆在 A、B 两点处打断。

命令行提示及操作如下：

> 命令：_break↙
> 选择对象：用鼠标点选 A 点，同时确定打断对象为圆
> 指定第二个打断点或 [第一点(F)]：用鼠标点选 B 点

打断后的图形如图 3.35 所示。

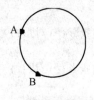

图 3.34   图 3.35

■ 小贴士 ■

打断圆时，按逆时针方向删除两断点之间的弧线部分。

3.3.4 圆角（fillet/F）

1. 功能

通过指定半径的圆弧光滑连接两个对象。

2. 命令启动方式

1）选项卡：单击【默认】选项卡→【修改】面板→【圆角】按钮 。

2）命令行：fillet（f）↙。

■ 小贴士

1）圆弧半径为零且修剪模式为修剪时可使两个对象相交。

2）平行线可进行圆角处理，圆角半径由 AutoCAD 自动计算，取两平行线垂直距离的一半。

3）如果圆角半径太大，使被圆角的两个对象间容纳不下时，无法进行圆角。

【例 3.14】将图 3.36 所示的图形，用半径为 15mm 的圆弧连接。

命令行提示及操作如下：

```
命令：_fillet✓
当前设置：模式 = 修剪，半径 = 0.0000
选择第一个对象或[放弃(U)/多段线(P)/半径(R)/修剪(T)/多个(M)]：R✓
指定圆角半径 <0.0000>：15✓
选择第一个对象或 [放弃(U)/多段线(P)/半径(R)/修剪(T)/多个(M)]：单击直线 A
选择第二个对象，或按住 Shift 键选择对象以应用角点或 [半径(R)]：单击直线 B
```

结果如图 3.37 所示。

若在"选择第一个对象或 [放弃(U)/多段线(P)/半径(R)/修剪(T)/多个(M)]："提示下，输入"t"，则系统提示：

```
输入修剪模式选项 [修剪(T)/不修剪(N)] <修剪>：n（将修剪模式设为不修剪）✓
选择第一个对象或 [放弃(U)/多段线(P)/半径(R)/修剪(T)/多个(M)]：单击直线 A
选择第二个对象，或按住 Shift 选择对象以应用角点或 [半径(R)]：单击直线 B，结束命令
```

结果如图 3.38 所示。

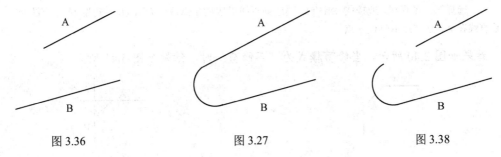

图 3.36　　　　　　　　图 3.27　　　　　　　　图 3.38

3.3.5　倒角（chamfer/CHA）

1. 功能

通过延伸（或修剪）使两个非平行的直线类对象相交或利用斜线连接。可以对直线、多段线、构造线和射线进行倒角。

2. 命令启动方式

1）选项卡：单击【默认】选项卡→【修改】面板→【倒角】按钮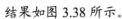。

2）命令行：chamfer(Cha)✓。

3. chamfer 命令各选项含义

● 多段线(P)：对多段线进行倒角。如果四边形是利用多段线绘制的，选择该项后，单击四边形，其四个角一次自动倒角。与圆角命令中此项相同。

● 距离(D)：确定倒角距离。倒角距离设置太大或倒角角度无效，系统会给出错误提示信息。当两个倒角距离均为零且修剪模式为"修剪"时，倒角命令将使选定的两条直线相交，但不产生倒角。当两个倒角距离不相等时，选取倒角对象的次序不同会产生不同的效果。

● 角度(A)：根据一个倒角距离和一个角度进行倒角。

● 修剪(T)：用来确定倒角时是否对相应的倒角边进行修剪。

● 方式(M)：用来确定按距离(D)还是按角度(A)方式进行倒角。执行倒角命令时，修剪模式的不同会影响倒角结果。

【例 3.15】将图 3.39 所示中两条相交直线 A、B 进行长度为 10mm 的倒角处理。

命令行提示及操作如下：

图 3.39

命令：_chamfer↙
（"修剪"模式）当前倒角距离 1 =0.0000，距离 2 =0.0000
选择第一条直线或[放弃(U)/多段线(P)/距离(D)/角度(A)/修剪(T)/方式(E)/多个(M)]:d↙
指定第一个倒角距离 <0.0000>: 10↙
指定第二个倒角距离 <10.0000>:10↙
选择第一条直线或 [放弃(U)/多段线(P)/距离(D)/角度(A)/修剪(T)/方式(E)/多个(M)]:单击 A 直线在 A、B 交点左侧任一点
选择第二条直线，或按住 Shift 键选择直线以应用角点或 [距离(D)/角度(A)/方法(M)]:单击 B 直线在 A、B 交点下侧任一点

结果如图 3.40 所示，当修剪模式为"不修剪"时，结果如图 3.41 所示。

图 3.40 · · · · · · · · · · · · · · · · · 图 3.41

3.3.6 分解（explode/X）

1. 功能

分解多段线、标注、图案填充或块参照等合成对象，将其转换为单个对象。分解命令常用于分解块、尺寸标注。

2. 命令启动方式

1）选项卡：单击【默认】选项卡→【修改】面板→【分解】按钮 。

2）命令行：explode(x)↙。

■小贴士

1）分解多段线时，AutoCAD 将放弃任何关联的宽度信息，将多段线分解为沿原多段线的中心线放置的简单线段和圆弧。

2）分解标注或图案填充后，将会失去其所有的关联性，标注或填充对象被替换为单个对象，例如直线、文字、点和二维实面。

任务实施

1. 图 3.1 的绘制

图形分析：

图 3.1 由矩形、圆、椭圆、直线组成，整体呈现左右对称的特点，可以先画出左半部分或右半部分后进行镜像得到整个图形。

第 1 步：绘制图 3.1 所示的外操作台。

```
命令：_rectang↙
指定第一个角点或 [倒角(C)/标高(E)/圆角(F)/厚度(T)/宽度(W)]:在屏幕上合适的
位置单击
指定另一个角点或 [面积(A)/尺寸(D)/旋转(R)]: @1200,600↙
绘制矩形
命令：_fillet↙
当前设置：模式 = 修剪，半径 = 0.0000
选择第一个对象或 [放弃(U)/多段线(P)/半径(R)/修剪(T)/多个(M)]: r↙
指定圆角半径 <0.0000>: 100↙
选择第一个对象或 [放弃(U)/多段线(P)/半径(R)/修剪(T)/多个(M)]:单击要设置倒
角的第一个直角边
选择第二个对象，或按住 Shift 键选择对象以应用角点或 [半径(R)]:单击要设置倒角
的第二个直角边
绘制矩形倒角
命令：_explode↙ 找到 1 个（将矩形分解）
命令：_offset↙
当前设置：删除源=否 图层=源 OFFSETGAPTYPE=0
指定偏移距离或 [通过(T)/删除(E)/图层(L)] <通过>: 30↙
选择要偏移的对象，或 [退出(E)/放弃(U)] <退出>:单击矩形上边缘
指定要偏移的那一侧上的点，或 [退出(E)/多个(M)/放弃(U)] <退出>:[在矩形内部合
适位置单击（绘制矩形上部偏移）如图 3.S-1 所示]。
```

第 2 步：绘制矩形的双向对称线以作参考。

命令：_offset↙

当前设置：删除源=否　图层=源　OFFSETGAPTYPE=0

指定偏移距离或 [通过(T)/删除(E)/图层(L)] <30.0000>：600↙

选择要偏移的对象，或 [退出(E)/放弃(U)] <退出>：单击矩形的短边

指定要偏移的那一侧上的点，或 [退出(E)/多个(M)/放弃(U)] <退出>：在矩形内合适的
位置单击

命令：OFFSET↙

当前设置：删除源=否　图层=源　OFFSETGAPTYPE=0

指定偏移距离或 [通过(T)/删除(E)/图层(L)] <600.0000>：300↙

选择要偏移的对象，或 [退出(E)/放弃(U)] <退出>：单击矩形的长边

指定要偏移的那一侧上的点，或 [退出(E)/多个(M)/放弃(U)] <退出>：在矩形内合适的
位置单击

绘制矩形双向对称线，如图 3.S-2 所示。

图 3.S-1

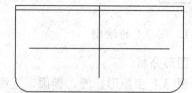

图 3.S-2

第 3 步：绘制洗面盆的轮廓线。

命令：_ellipse↙

指定椭圆的轴端点或 [圆弧(A)/中心点(C)]：_c↙

指定椭圆的中心点：单击矩形的中心点为椭圆圆心

指定轴的端点：400↙（输入椭圆的长轴半径）

指定另一条半轴长度或 [旋转(R)]：250↙输入椭圆的短轴半径

绘制外侧椭圆形

命令：_offset↙

当前设置：删除源=否　图层=源　OFFSETGAPTYPE=0

指定偏移距离或 [通过(T)/删除(E)/图层(L)] <300.0000>：20↙（绘制出洗面盆的
边缘厚度）

绘制内侧椭圆形，如图 3.S-3 所示。

命令：_offset↙

当前设置：删除源=否　图层=源　OFFSETGAPTYPE=0

指定偏移距离或 [通过(T)/删除(E)/图层(L)] <20.0000>：125↙

选择要偏移的对象，或 [退出(E)/放弃(U)] <退出>：单击椭圆长轴

指定要偏移的那一侧上的点，或 [退出(E)/多个(M)/放弃(U)] <退出>：在椭圆长轴的上
侧合适的位置单击

绘制椭圆形洗面池上部横向参照线。

命令：OFFSET↙

当前设置：删除源=否　图层=源　OFFSETGAPTYPE=0

指定偏移距离或 [通过(T)/删除(E)/图层(L)] <150.0000>：150✓✓

选择要偏移的对象，或 [退出(E)/放弃(U)] <退出>：单击椭圆短轴

指定要偏移的那一侧上的点，或 [退出(E)/多个(M)/放弃(U)] <退出>：在椭圆短轴的左侧单击

绘制椭圆形洗面池上部竖向参照线，如图 3.S-4 所示。

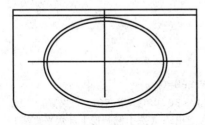

图 3.S-3

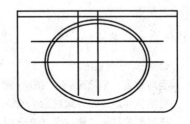

图 3.S-4

命令：_trim✓

当前设置：投影=UCS，边=无

选择剪切边...

选择对象或 <全部选择>：指定对角点：找到 3 个

选择对象：选择要剪切的多余椭圆线和直线的界线

选择要修剪的对象，或按住 Shift 键选择要延伸的对象，或[栏选(F)/窗交(C)/投影(P)/边(E)/删除(R)/放弃(U)]：选择要修剪的多余椭圆线和直线，如图 3.S-5 所示

命令：_fillet✓

当前设置：模式 = 修剪，半径 = 100.0000

选择第一个对象或 [放弃(U)/多段线(P)/半径(R)/修剪(T)/多个(M)]：单击左侧要做圆角的椭圆边界

选择第二个对象，或按住 Shift 键选择对象以应用角点或 [半径(R)]：单击要做圆角的直线边界

重复同样的步骤将右侧进行圆角处理。

绘制椭圆形洗面池上部圆角。

命令：_.erase✓

选择对象：找到 2 个

选择对象：✓

删除多余线段和曲线，如图 3.S-6 所示。

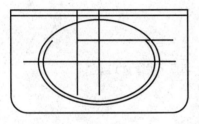

图 3.S-5

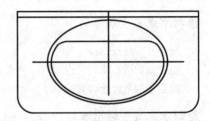

图 3.S-6

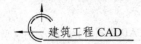

第 4 步：绘制上下水口及水龙头轮廓线。

命令：OFFSET↙

当前设置：删除源=否 图层=源 OFFSETGAPTYPE=0

指定偏移距离或 [通过(T)/删除(E)/图层(L)] <150.0000>：80↙

选择要偏移的对象，或 [退出(E)/放弃(U)] <退出>：单击椭圆形短轴

指定要偏移的那一侧上的点，或 [退出(E)/多个(M)/放弃(U)] <退出>：在椭圆形短轴左侧适当位置单击

绘制上水口参照线。

命令：_offset↙

当前设置：删除源=否 图层=源 OFFSETGAPTYPE=0

指定偏移距离或 [通过(T)/删除(E)/图层(L)] <80.0000>：50↙

选择要偏移的对象，或 [退出(E)/放弃(U)] <退出>：（选中椭圆形上部水平直线）

指定要偏移的那一侧上的点，或 [退出(E)/多个(M)/放弃(U)] <退出>：（在椭圆形水平线上部适当位置单击）

选择要偏移的对象，或 [退出(E)/放弃(U)] <退出>：（选中椭圆形上部水平直线）

指定要偏移的那一侧上的点，或 [退出(E)/多个(M)/放弃(U)] <退出>：（在椭圆形上部分水平线下侧适当位置单击）

绘制水龙头参照线。

命令：_circle↙

指定圆的圆心或 [三点(3P)/两点(2P)/切点、切点、半径(T)]：单击指定出水口圆心所在位置

指定圆的半径或 [直径(D)] <20.0000>：30↙

绘制出水口。

命令：CIRCLE↙

指定圆的圆心或 [三点(3P)/两点(2P)/切点、切点、半径(T)]：2p↙

指定圆直径的第一个端点：单击出水口分水线所在位置

指定圆直径的第二个端点：40↙

绘制左侧进水口。

命令：_circle↙

指定圆的圆心或 [三点(3P)/两点(2P)/切点、切点、半径(T)]：

指定圆的半径或 [直径(D)] <20.0000>：30↙

绘制水龙头上端弯头。

命令：_circle↙

指定圆的圆心或 [三点(3P)/两点(2P)/切点、切点、半径(T)]：

指定圆的半径或 [直径(D)] <20.0000>：20↙

绘制水龙头下端出水口。

命令：_line↙

指定第一个点：（选中水龙头上端弯头与直管交接处单击）

指定下一点或 [放弃(U)]：（选中水龙头下端弯头与直管交接处单击）

如图 3.S-7 所示。

命令：TRIM✓

当前设置：投影=UCS，边=无

选择剪切边...

选择对象或 <全部选择>：单击水龙头左侧直线（找到 1 个）

选择对象：单击水龙头右侧直线（找到 1 个，总计 2 个）

选择对象：

选择要修剪的对象，或按住 Shift 键选择要延伸的对象，或[栏选(F)/窗交(C)/投影(P)/边(E)/删除(R)/放弃(U)]：单击水龙头上下两个圆。

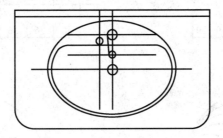

图 3.S-7

绘制水龙头。

命令：_mirror✓

选择对象：单击左侧进水口（找到 4 个）

指定镜像线的第一点：（单击洗面池上面水平直线的中点）

指定镜像线的第二点：（垂直向下单击任意点）

要删除源对象吗？ [是(Y)/否(N)] <N>：✓

绘制热水进水口和水龙头轮廓线等。

命令：_.erase 找到 4 个（删除多余线段）

绘制完成，如图 3.S-8 所示。

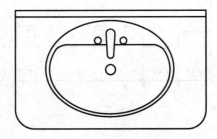

图 3.S-8

操 作 训 练

1. 复制类命令的运用（训练图 3.1～训练图 3.10）

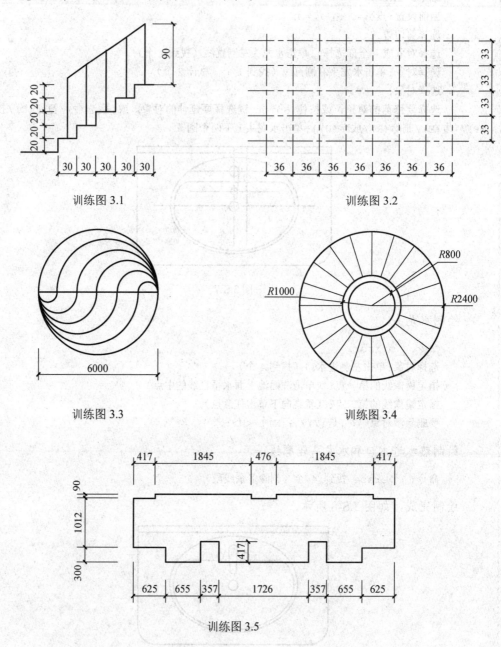

训练图 3.1

训练图 3.2

训练图 3.3

训练图 3.4

训练图 3.5

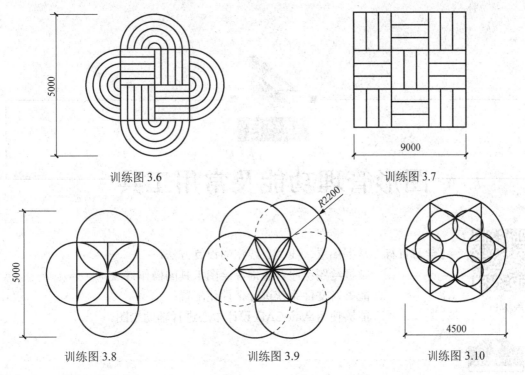

训练图 3.6

训练图 3.7

训练图 3.8

训练图 3.9

训练图 3.10

2. 形状改变类命令的运用（训练图 3.11～训练图 3.13）

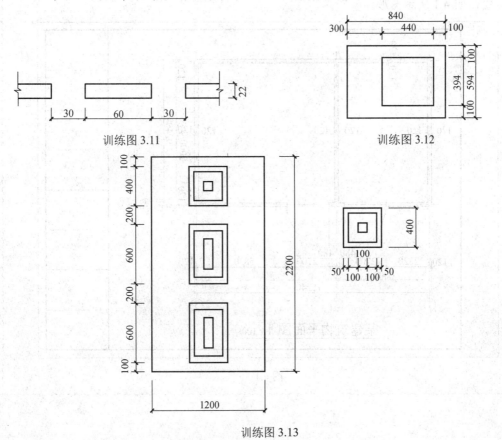

训练图 3.11

训练图 3.12

训练图 3.13

项目 4

图形管理功能及常用工具

教学 PPT

▌学习目标 掌握图层、线型、线宽的设置方法；
掌握绘图次序、查询等绘图工具的操作方法；
能够对文件系统进行个性化配置；
能够使用 AutoCAD 设计中心进行辅助绘图。

绘制图 4.1 所示图形。

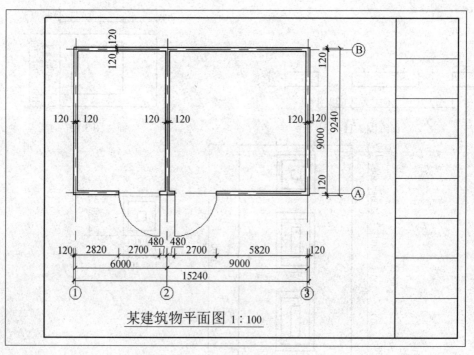

图 4.1

任务 *4.1*　图　　层

4.1.1　设置图层（layer/LA）

1. 功能

图层可以控制对象的可见性并指定特性，图层上的对象通常采用该图层的特性。例如某图层的颜色设置为"红色"，线型设置为"Center"，则该图层上所有的线条将会显示为红色，所有的线型显示为 Center 线。但是用户可以替代对象的任何图层特性，如果在【特性】选项板中将图形对象的颜色设定为"绿"，则不管指定给该图层的是什么颜色，对象都将显示为绿色。

使用图层可以管理和控制复杂的图形；图层相当于图纸绘图中使用的透明重叠图纸，将每张图纸看作一个图层，可以将图形、文字、标注等类型相似的对象分别放置在不同的图层中，并根据每个图层中图形的类别设置不同的线型、颜色及其他标准，还可以设置每个图层的可见性、冻结、锁定和是否打印等，最后全部的图纸重叠在一起就是一个完整的图形。

2. 创建图层（layer）

在默认情况下，AutoCAD 自动创建一个图层，即"0"层。如果用户使用图层来管理自己的图形，就需要创建新图层。

（1）命令启动方式

1）在【图层】选项板上单击【图层特性】按钮。

2）单击【视图】选项卡→【选项板】面板→【图层特性】按钮。

3）命令行：输入 layer 或简化命令 la。

（2）操作过程

1）命令行：la ↙。

2）启动命令后，系统弹出【图层特性管理器】对话框，如图 4.2 所示。

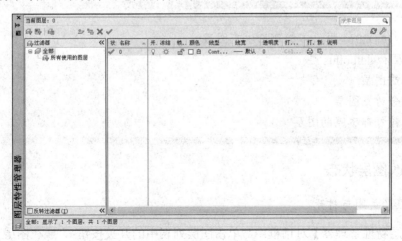

图 4.2

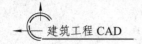

单击【新建图层】按钮，添加名为"图层 1"的新图层。

■ 小贴士

为了便于识别图层，单击【图层名称】，对图层名称进行修改，将图层名称修改成便于识别的名称。

默认情况下，新建图层与当前图层的状态、颜色、线型及线宽等设置相同，连续单击【新建图层】按钮，依次可以创建名为"图层 2""图层 3"……的新图层，如图 4.3 所示。

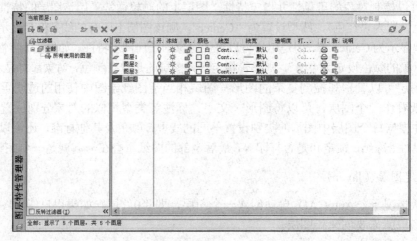

图 4.3

3. 删除图层

打开【图层特性管理器】，在需要删除的图层状态图标上单击，选中该图层，然后选择【图层删除】按钮，即可将该图层删除。

■ 小贴士

在 AutoCAD2014 中，不能删除以下图层：
➤ 0 层和 defpoints 层
➤ 当前图层
➤ 包含对象图层
➤ 依赖外部参照的图层

4.1.2 修改图层状态

1. 图层的关闭与打开

在【图层特性管理器】对话框中，单击图层列表中的开关按钮 ，或在图层工具栏上单击图层列表的下拉箭头，单击图层列表中的开关按钮 ，可以将图层关闭或打开。

图层被关闭后，该图层上的图形是不可见的，并且不能被打印；当图层被打开后，该图层上的图形可见，并且能够被打印。

2. 图层的冻结与解冻

在【图层特性管理器】对话框中，或在图层工具栏上单击图层列表的下拉箭头，单击图层列表中的【冻结/解冻】按钮，可以对图层进行冻结/解冻操作。

图形被冻结后，该图层上的图形不可见、不能重生成，也不能被打印。

3. 图层的锁定和解锁

在【图层特性管理器】对话框中，或在图层工具栏上单击图层列表的下拉箭头，单击图层列表中的【锁定/解锁】按钮，可以对图层进行锁定/解锁操作。

图形被锁定结后，该图层上的图形可见、能被打印，但不能被编辑、修改。

4.1.3　图层的属性设置与修改

1. 设置当前图层

所有 AutoCAD 绘图工作只能在当前图层进行，设置当前图层的方法如下：

1）在【图层特性管理】对话框中，选择需要设置为当前层的图层，单击【置为当前】按钮，即可将该图层设置为当前层。

2）在图层状态的图标上双击。

3）在图层工具栏上，单击图层列表的下拉箭头，打开图层列表，选择要置为当前的图层。

在绘图区域中，选择某一对象，单击图层工具栏上的【将对象的图层置为当前】按钮，即可将该对象所在的图层置为当前。

2. 设置图层的颜色

AutoCAD 默认的图层颜色为白色，若要设置为其他颜色，需要先打开图层特性管理器，在需要改变颜色的图层上单击□ 白图标，打开【选择颜色】对话框，可以在【索引颜色】和【真彩色】两个选项卡中选择自己需要的颜色，或者利用【配色系统】配置合适的颜色，如图 4.4 所示。

图 4.4

3. 设置图层线型

AutoCAD 默认的线型为 Continuous，若要绘制其他线型，必须要先加载该种线型。单击 加载 (L)... 按钮弹出【加载或重载线型】对话框，如图 4.5 和图 4.6 所示。在"可用线型"列表中，选择需要的线型，单击【确定】按钮，返回【选择线型】对话框；再选择需要的线型，单击【确定】按钮即可。

图 4.5   图 4.6

4. 设置图层线宽

AutoCAD 默认的线宽为 0.13mm，若要改变图层的线宽，首先打开【图层特性管理器】，在需要的图层上单击 —— 默认 图标，打开线宽列表，选择合适的线宽，再单击【确定】按钮即可。例如，将图层 2 的线宽改为 0.5mm，则先打开图层特性管理器，在图层 2 上单击 —— 默认 图标，打开线宽列表，如图 4.7 所示，单击 0.50mm，再单击【确定】按钮。

5. 设置透明度

控制所有对象在选定图层上的可见性。输入的值越大，该层绘制的图形越透明；单击【透明度】值将显示【图层透明度】对话框，在弹出的【图层透明度】对话框中选择"透明度值(0~90)"，单击【确定】按钮即可，如图 4.8 所示。对单个对象应用透明度时，对象的透明度特性将替代图层的透明度设置。

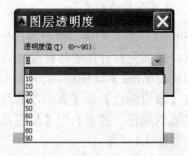

图 4.7   图 4.8

6. 打印样式

更改与选定图层关联的打印样式。如果正在使用颜色相关打印样式（PSTYLEPOLICY 系统变量设置为 1），则无法更改与图层关联的打印样式。单击打印样式可以显示【选择打印样式】对话框。

7. 打印

设置图层的打印状态，图层的打印状态决定了该图层上的对象是否被打印输出，AutoCAD 默认的是打印，若图层上的对象不需要打印输出，则在【图层特性管理器】中单击该图层上的🖨图标，将其修改为不打印状态🖨，该图层上的对象便不会被打印输出。

8. 新视口冻结

在新布局视口中冻结选定图层。例如，在所有新视口中冻结"DIMENSIONS"图层，将在所有新创建的布局视口中限制该图层上的标注显示，但不会影响现有视口中的"DIMENSIONS"图层。如果以后创建了需要标注的视口，则可以通过更改当前视口设置来替代默认设置。

9. 说明

添加选定图层的说明文字。

4.1.4　图层特性过滤器

1. 功能

如果在图层特性管理器的【过滤器】面板中选择一个图层过滤器，则图层列表中仅显示与该过滤器中指定的特性相匹配的图层。过滤图层可以将较长的图层列表减少到仅为当前相关的图层。

2. 创建图层特性过滤器

1）在【图层特性管理器】中单击【新建图层特性过滤器】按钮 🗇。
2）在打开图层特性管理器的基础上，使用快捷键"ALT+P"。

3. 图层特性过滤器的设置

（1）命名过滤器
单击【新建图层特性过滤器】，打开【图层过滤器特性】窗口，这时系统会将该过滤器自动命名为"特性过滤器 1"，将该名称修改成便于识别的名称，如"平面图""立面图"等。
（2）过滤器定义
过滤器可以通过单击指定一个或多个图层特性来定义，如图 4.9 所示。
此过滤器已命名为"Mechanical"，并且过滤器定义中包括以下条件：
1）图层名必须包含字母"mech"，并且该图层必须处于打开状态并已解冻。
2）该图层必须已锁定，并且其颜色必须为红色。

▌小贴士

输入图层名或具有标准通配符"*"的部分图层名可以建立以名称为条件的过滤器。

图 4.9

【例 4.1】在图 4.10 中，根据图层名称新建"平面图""立面图"两个过滤器。

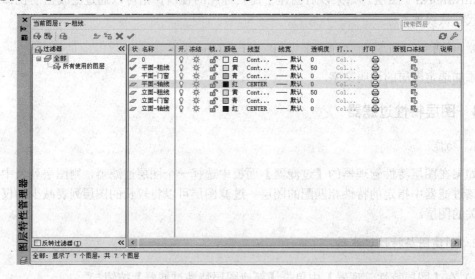

图 4.10

在【过滤器定义】中，单击【名称】下面的空白表格，在出现的"＊"前输入"平面"，并将过滤器的名称修改为"平面图"，单击【确定】按钮，建立"平面图"过滤器，如图 4.11 所示。重复上面的步骤即可建立"立面图"过滤器，如图 4.12 所示。

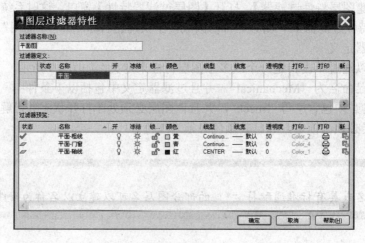

图 4.11

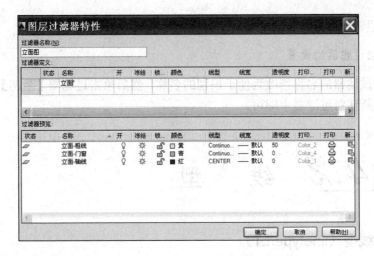

图 4.12

（3）反转过滤器

对过滤器进行反向选择。选中某个过滤器后再勾上"反转过滤器"，则会显示该过滤器以外所有的图层，如图 4.13 所示。同时选中平面图和反转过滤器，则会显示平面图以外的图层。

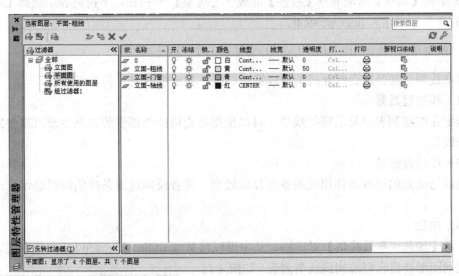

图 4.13

4.1.5　图层组过滤器

1. 功能

图层组过滤器支持对图层进行任意分组。

2. 创建图层组过滤器

1）单击图层管理器上的【新建图层组过滤器】按钮 。

2）在图层管理器打开的情况下，使用快捷键"ALT+G"。

3．图层组过滤器的设置

将图层组过滤器的名称修改为便于识别的名称，然后单击过滤器【全部】，将需要分组的图层拖拽到新建组过滤器中即可。

任务 4.2 线　　型

4.2.1　设置线型（linetype/LT）

1．功能

在当前文件中加载并设置各种线型。

2．命令启动方式

1）单击【默认】选项卡→【特性】面板→【线型】按钮，下拉列表中选择【其他】。
2）命令行中输入 linetype 或 lt。

3．线型管理器

启动线型管理器后会打开线型管理器对话框，其选项列表及其功能如下。

（1）线型过滤器

确定在线型列表中显示哪些线型。可以根据是否依赖外部参照或是否被对象参照两方面过滤线型。

（2）反转过滤器

根据与选定的过滤条件相反的条件显示线型。符合反向过滤条件的线型显示在线型列表中。

（3）加载

显示【加载或重载线型】对话框，从中可以将从 acad.lin 或 acadlt.lin 文件中选定的线型加载到图形并将它们添加到线型列表，如图 4.14 所示。

（4）当前

将选定线型设定为当前线型。将当前线型设定为"Bylayer"，意味着对象采用指定给特定图层的线型。将线型设定为"ByBlock"，意味着对象采用 Continuous 线型，直到它被编组为块。无论何时插入块，全部对象都继承该块的线型。

（5）删除

从图形中删除选定的线型。只能删除未使用的

图 4.14

线型，不能删除 Bylayer、Byblock 和 Continuous 线型。

（6）显示细节

控制是否显示线型管理器的"详细信息"部分，如图 4.15 所示。

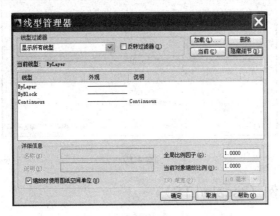

图 4.15

- 名称：显示选定线型的名称，可以编辑该名称。
- 说明：显示选定线型的说明，可以编辑该说明。
- 缩放时使用图纸空间单位：按相同的比例在图纸空间和模型空间缩放线型，当使用多个视口时，该选项用处较大。
- 全局比例因子：显示用于所有线型的全局缩放比例因子（LtsCale 系统变量）。设置全局比例因子可以改变线型比例，如图 4.16 所示。

图 4.16

- 当前对象缩放比例：设定新建对象的线型比例，生成的比例是全局比例因子与该对象的比例因子的乘积（Celtscale 系统变量）。
- ISO 笔宽：将线型比例设定为标准 ISO 值列表中的一个，生成的比例是全局比例因子与该对象的比例因子的乘积。

（7）线型列表

在【线型过滤器】中，根据指定的选项显示已加载的线型，如图 4.17 所示。

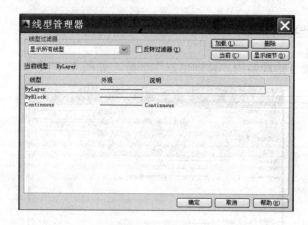

图 4.17

4.2.2 设置线型比例（ltscale/LTS）

1. 功能

改变非连续线的外观。

2. 命令启动方式

1）单击【默认】选项卡→【特性】面板→【线型】▦下拉列表，选择【其他】→【显示细节】→【全局比例因子】。在【全局比例因子】中输入合适的比例进行调整，直至屏幕上的线型符合要求为止。

2）命令行输入 ltscale 或 lts。回车，输入合适的比例因子进行调整。

■ 小贴士 ■

线型比例的数值没有定数，在调整时需用试错法不断调试，直至线型的显示满足要求为止。

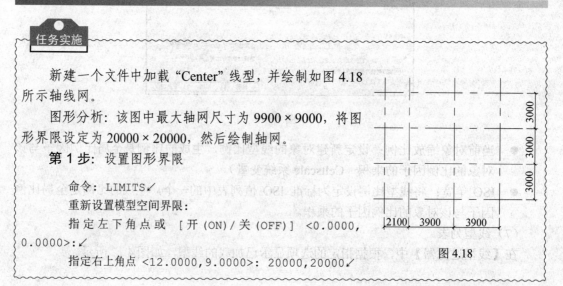

任务实施

新建一个文件中加载 "Center" 线型，并绘制如图 4.18 所示轴线网。

图形分析：该图中最大轴网尺寸为 9900×9000，将图形界限设定为 20000×20000，然后绘制轴网。

第1步：设置图形界限

命令：LIMITS↙

重新设置模型空间界限：

指定左下角点或 [开 (ON) / 关 (OFF)] <0.0000, 0.0000>:↙

指定右上角点 <12.0000,9.0000>: 20000,20000↙

图 4.18

命令: Z↙

ZOOM

指定窗口的角点，输入比例因子 (nX 或 nXP)，或者[全部(A)/中心(C)/动态(D)/范围(E)/上一个(P)/比例(S)/窗口(W)/对象(O)] <实时>: a ↙

正在重生成模型。

第2步: 加载 "Center" 线型，并将 "Center" 设置为当前线型

命令: LT ↙

LineType，打开线型管理器，在可用线型列表中找到 "Center" 线型，在该线型上单击，再单击【确定】按钮；

在线型管理器的线型列表中单击 "Center" 线型，再单击【当前】按钮，单击【确定】按钮。

第3步: 绘制第一条水平轴线

命令: <正交 开>

命令: L ↙

LINE

指定第一个点:在屏幕上合适的地方单击

指定下一点或 [放弃(U)]:在屏幕上合适的地方单击

指定下一点或 [放弃(U)]: ↙

第4步: 调试线型比例

命令: LTS

LTSCALE 输入新线型比例因子 <1.0000>: 100 ↙

正在重生成模型。

命令: LTSCALE ↙

输入新线型比例因子 <500.0000>: 2000 ↙

正在重生成模型。

第5步: 绘制轴网

命令:指定对角点或 [栏选(F)/圈围(WP)/圈交(CP)]:

命令: CO ↙

COPY 找到 1 个↙

当前设置: 复制模式 = 多个

指定基点或 [位移(D)/模式(O)] <位移>:在屏幕上合适的位置单击

指定第二个点或 [阵列(A)] <使用第一个点作为位移>: 3000↙

指定第二个点或 [阵列(A)/退出(E)/放弃(U)] <退出>: 6000↙

指定第二个点或 [阵列(A)/退出(E)/放弃(U)] <退出>: 9000↙

指定第二个点或 [阵列(A)/退出(E)/放弃(U)] <退出>:↙

绘制第1条竖向轴线

命令: l ↙

LINE

指定第一个点:在屏幕上合适的位置单击

指定下一点或 [放弃(U)]:在屏幕上合适的位置单击

指定下一点或 [放弃(U)]：✓

命令：指定对角点或 [栏选(F)/圈围(WP)/圈交(CP)]:

命令：CO ✓

COPY 找到 1 个✓

当前设置: 复制模式 = 多个

指定基点或 [位移(D)/模式(O)] <位移>:在屏幕上合适的位置单击

指定第二个点或 [阵列(A)] <使用第一个点作为位移>: 2100✓

指定第二个点或 [阵列(A)/退出(E)/放弃(U)] <退出>:✓

命令：指定对角点或 [栏选(F)/圈围(WP)/圈交(CP)]:

命令：COPY✓

找到 1 个✓

当前设置: 复制模式 = 多个

指定基点或 [位移(D)/模式(O)] <位移>:在屏幕上合适的位置单击

指定第二个点或 [阵列(A)] <使用第一个点作为位移>: 3900✓

指定第二个点或 [阵列(A)/退出(E)/放弃(U)] <退出>: 7800✓

指定第二个点或 [阵列(A)/退出(E)/放弃(U)] <退出>:✓

任务 4.3 线 宽

4.3.1 设置线宽（line weight/LW）

1. 功能

线宽即线条的宽度。在建筑工程图中，以不同的线宽表示不同的构件类型，可提高图形的表达能力和可读性。

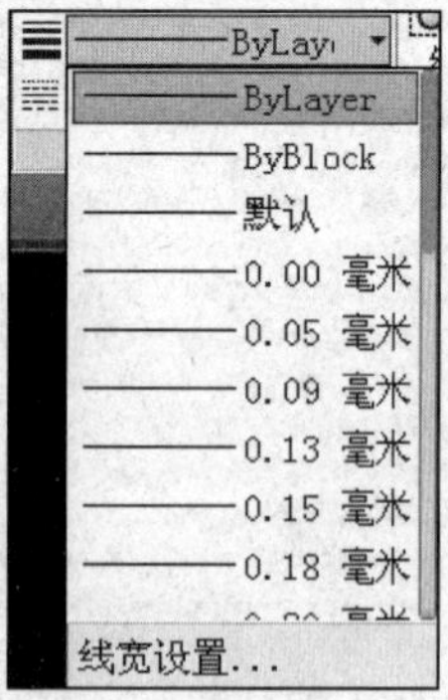

2. 命令启动方式

1）单击【默认】选项卡→【特性】面板→【线宽】下拉列表，选择【线宽设置】，如图 4.19 所示。

2）命令行输入 lineweight，或 lweight，或 lw。

3. 设置线宽

启动命令，打开【线宽设置】对话框，如图 4.19 所示。其主要选项的含义如下：

● 【线宽】列表框：用于选择线条的宽度。

图 4.19

● 【列出单位】选项区：用于设置线宽的单位，可以是毫米，也可以是英寸。

● 【显示线宽】复选框：用于设置是否按照实际线宽来显示图形。

● 【默认】下拉列表框：用于设置默认线宽值，即关闭显示线宽后显示的宽度。

● 【调整显示比例】选项区：移动其中的滑块，可以设置线宽的显示比例。

在【线宽】列表框中，单击"ByLayer"，线宽可以跟随相关图层；若单击【默认】，然后在【默认】下拉列表框中选择不同线宽，可以修改 0 层上默认线条宽度。

【例 4.2】绘制一条宽度为 0.5mm 的直线。

绘制过程如下：

　　命令：LW ✓

LWEIGHT，打开线宽设置对话框，在【线宽】列表中找到"0.50mm"单击，单击【确定】按钮，如图 4.20 所示。

　　命令：L ✓
　　LINE
　　指定第一个点：在屏幕上任意位置单击
　　指定下一点或 [放弃(U)]：在屏幕上任意位置单击
　　指定下一点或 [放弃(U)]：✓
　　命令：<线宽 >（打开线宽）

绘制出来的图形如图 4.21 所示。

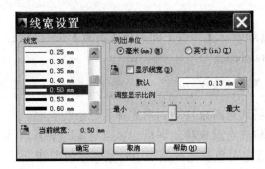

图 4.20

图 4.21

4.3.2　线宽的修改

线宽的修改方法与线宽的设置方法相同。

■小贴士

1）设置好线宽后，还需要打开绘图辅助工具中的"线宽"，所设置的线宽才能显示出来。

2）利用"特性"选项卡和 lineweight 命令是对当前文件中所有的线条设置线宽；用"图层管理器"可以只针对某一个图层设置线宽；利用"对象特性管理器"则可以对任意一个单个的图形对象设置线宽。

任务 4.4　AutoCAD 常用工具

4.4.1　绘图次序（draw order）

1. 功能

控制重叠对象的显示顺序，在缺省情况下，对象是按照创建时的次序进行绘制的。在某些特殊情况下，如两个或更多对象相互覆盖时，常需要修改对象的绘制和打印顺序来保证正确的显示和打印输出。

2. 命令启动方式

1）单击【默认】选项卡→【修改】面板→【前置】下拉列表。

2）命令行输入"draworder"。

3. draw order 命令各选项含义

- 对象上（A）：将选定对象移动到指定参照对象的上面。
- 对象下（U）：将选定对象移动到指定参照对象的下面。
- 最前（F）：将选定对象移动到图形中对象顺序的顶部。
- 最后（B）：将选定对象移动到图形中对象顺序的底部。
- 前置：将选定对象移动到图形中对象顺序的前一个。
- 后置：将选定对象移动到图形中对象顺序的后一个。

【例 4.3】如图 4.22 所示，直线在矩形中启动 draw order 命令，选中直线"B"，则变成图 4.23 所示。

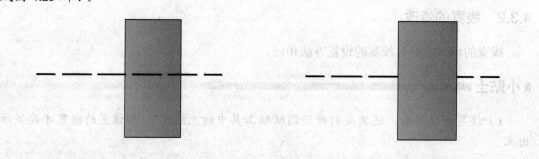

图 4.22　　　　　　　　　　　　　　　　　图 4.23

4.4.2　查询

1. 查询距离(dist/DI)

(1)功能

测量两点之间的距离、两点形成的线段在 XY 平面上的角度以及与 XY 平面的夹角等。

查询顺序为向上、向右时,X、Y 坐标的增量为正值;查询顺序为向下、向左时,X、Y 坐标的增量为负值。

(2)命令启动方式

命令行输入 dist(di) ✓。

【例 4.4】查询图 4.24 中直线 AB 的长度。

操作过程如下:

```
命令行:di✓
指定第一点:单击 A 点
指定第二点:单击 B 点
```

系统提示如下:

```
距离 = 117.5398,XY 平面中的倾角 = 13,   与 XY 平面的夹角 = 0
X 增量 = 114.6197,   Y 增量 = 26.0371,   Z 增量 = 0.0000
```

【例 4.5】查询图 4.25 中多边形 ABCDE 的各边的边长。

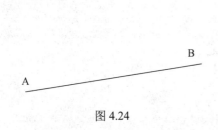

图 4.24

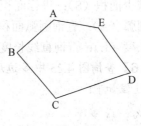

图 4.25

操作过程如下:

```
命令:DI ✓
DIST
指定第一点:单击 A 点
指定第二个点或 [多个点(M)]:m✓
指定下一个点或 [圆弧(A)/长度(L)/放弃(U)/总计(T)] <总计>:单击 B 点
距离 = 18807
指定下一个点或 [圆弧(A)/闭合(C)/长度(L)/放弃(U)/总计(T)] <总计>:单击 C 点
距离 = 41538
```

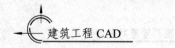

指定下一个点或 [圆弧(A)/闭合(C)/长度(L)/放弃(U)/总计(T)] <总计>:单击 D 点
距离 = 72206
指定下一个点或 [圆弧(A)/闭合(C)/长度(L)/放弃(U)/总计(T)] <总计>:单击 E 点
距离 = 93487
指定下一个点或 [圆弧(A)/闭合(C)/长度(L)/放弃(U)/总计(T)] <总计>:单击 A 点
距离 = 110887
指定下一个点或 [圆弧(A)/闭合(C)/长度(L)/放弃(U)/总计(T)] <总计>:
距离 = 110887

可以得到：

AB 边长为：18807

BC 边长为：41538

CD 边长为：72206

DE 边长为：93487

AE 边长为：110887

2. 查询面积（area/AA）

（1）功能

计算出用户指定的一系列的点组成的多边形，或者是闭合多段线的面积和周长。还可以计算出若干个实体的面积总和，以及进行简单的面积加减运算等。

（2）命令启动方式

命令行输入 "area" 或 "aa"。

（3）命令行各选项的含义

● 对象（O）：查询二维多段线所围成闭合图形的面积。

● 增加面积（A）：进行面积加法运算。

● 减少面积（S）：进行面积减法运算。

● 圆弧（A）：查询圆弧面积。

● 长度（L）：查询直线长度。

【例 4.6】查询图 4.25 中多边形 ABCDE 的面积。

操作过程如下：

命令：AA ↙
AREA
指定第一个角点或 [对象(O)/增加面积(A)/减少面积(S)] <对象(O)>:单击点 A
指定下一个点或 [圆弧(A)/长度(L)/放弃(U)]:单击点 B
指定下一个点或 [圆弧(A)/长度(L)/放弃(U)]:单击点 C
指定下一个点或 [圆弧(A)/长度(L)/放弃(U)/总计(T)] <总计>:单击点 D
指定下一个点或 [圆弧(A)/长度(L)/放弃(U)/总计(T)] <总计>:单击点 E
指定下一个点或 [圆弧(A)/长度(L)/放弃(U)/总计(T)] <总计>:↙

命令行提示：

区域 = 775465986，周长 = 110887

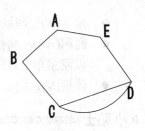

【例 4.7】查询图 4.26 中多边形 ABCDE 和弧 CD 的面积之和是多少。

操作过程如下：

命令：AREA↙
指定第一个角点或 [对象(O)/增加面积(A)/减少面积(S)] <对
象(O)>：a↙

图 4.26

指定第一个角点或 [对象(O)/减少面积(S)]：单击点 A
（"加"模式）指定下一个点或 [圆弧(A)/长度(L)/放弃(U)]：单击点 B
（"加"模式）指定下一个点或 [圆弧(A)/长度(L)/放弃(U)]：单击点 C
（"加"模式）指定下一个点或 [圆弧(A)/长度(L)/放弃(U)/总计(T)] <总计>：单击点 D
（"加"模式）指定下一个点或 [圆弧(A)/长度(L)/放弃(U)/总计(T)] <总计>：单击点 E
（"加"模式）指定下一个点或 [圆弧(A)/长度(L)/放弃(U)/总计(T)] <总计>：↙

命令行提示：

区域 = 775465986，周长 = 110887
总面积 = 775465986
指定第一个角点或 [对象(O)/减少面积(S)]：单击点 C
（"加"模式）指定下一个点或 [圆弧(A)/长度(L)/放弃(U)]：a↙
指定圆弧的端点或
[角度(A)/圆心(CE)/方向(D)/直线(L)/半径(R)/第二个点(S)/放弃(U)]：ce↙
指定圆弧的圆心：单击该圆弧的圆心
指定圆弧的端点或 [角度(A)/长度(L)]：单击点 D
指定圆弧的端点或 [角度(A)/圆心(CE)/闭合(CL)/方向(D)/直线(L)/半径(R)/第二个点(S)/放弃(U)]：↙

命令行提示：

区域 = 136615109，周长 = 64843
总面积 = 912081095
指定第一个角点或 [对象(O)/减少面积(S)]：↙
总面积 = 912081095

3. 距离（measuregeom/MEA）

（1）功能
measuregeom 命令可以测量选定对象或点序列的距离、半径、角度、面积和体积。
（2）命令启动方式
● 选项卡：单击【视图】选项卡→【工具栏】下拉菜单→【查询】工具栏→【距离】
  按钮。
● 命令行：输入命令"measuregeom"。
（3）measuregeom 命令各选项含义
● 距离（D）：测量指定点之间的距离，以及 X、Y 和 Z 部件的距离和相对于 UCS 的
  角度。该功能同 dist 命令，可以测量连续点之间的总距离。
● 半径(R)：测量指定圆弧、圆或多段线圆弧的半径和直径。

- 角度(A)：测量与选定的圆弧、圆、多段线线段和线对象关联的角度。
- 面积(AR)：测量对象或定义区域的面积和周长，该功能与"area"命令相同，既可以测量单个封闭图形的面积，也可以进行面积的加减运算。
- 体积(V)：测量对象或定义区域的体积。

▌小贴士

在做减法运算时，需要先用"加模式"选择上被减对象，再进入"减模式"进行减法运算。

4. 查询位置（id）

（1）功能

查询指定点的坐标值。

（2）命令启动方式

1）单击【默认】选项卡→【实用工具】面板下拉菜单→【点坐标】按钮。

2）命令行：输入 id↙。

【例4.8】查询图 4.26 中多边形 ABCDE 的 A 点坐标值。

操作过程如下：

```
命令行：id ↙
指定点：单击 A 点
命令行显示如下信息：
X = 105313    Y = -53886    Z = 0
```

5. 列表（list/ls）

（1）功能

显示对象类型、对象图层、相对于当前用户坐标系（UCS）的 X、Y、Z 位置以及对象是位于模型空间还是图纸空间。

（2）命令启动方式

1）单击【视图】选项卡→【工具栏】下拉菜单→【查询】工具栏→【列表】按钮。

2）命令行：输入命令 list↙。

【例4.9】查询图 4.26 中直线 CD 的特性信息。

操作过程如下：

```
命令：LS ↙
LIST
选择对象：在直线 CD 上单击
找到 1 个
选择对象：↙
命令行提示如下：
直线          图层："0"
空间：模型空间
句柄 = 293
```

自 点，X=105917 Y=-83383 Z=0
到 点，X=135092 Y=-73927 Z=0
长度=30668，在 XY 平面中的角度=18
增量 X=29174，增量 Y=9455，增量 Z=0

任务实施

图 4.1 的绘制过程

图形分析：图 4.1 由图幅、图框、图标及某建筑物平面图组成，A4 图幅，其中图幅及墙线为粗实线，图标为中粗线，轴线为单点长画线。绘图比例 1：100，工程尺寸按 1：1 比例绘制，绘图尺寸需要扩大 100 倍。

第 1 步：设置绘图环境。

因为该图中最大尺寸是 A4 图幅尺寸，即 29700mm × 21000mm，图形界限设定为该尺寸的 2 ~ 3 倍，取 60000mm × 50000mm。

命令：LIMITS✓
重新设置模型空间界限：
指定左下角点或 [开(ON)/关(OFF)] <0.0000,0.0000>:✓
指定右上角点 <12.0000,9.0000>: 60000,50000✓
命令：Z ✓
ZOOM
指定窗口的角点，输入比例因子 (nX 或 nXP)，或者[全部(A)/中心(C)/动态(D)/范围(E)/上一个(P)/比例(S)/窗口(W)/对象(O)] <实时>: a ✓

正在重生成模型。
第 2 步：设置图层。

命令：LA ✓
LAYER

打开【图层特性管理器】，设置轴线、墙线、门窗、文字标注、尺寸标注 4 个图层，并将各图层设置成如图 4.S-1 所示颜色，将轴线层线型设置为 "center"、线宽设为 0.5mm。

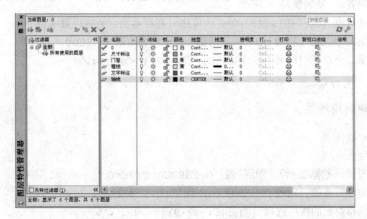

图 4.S-1

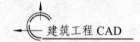

第3步: 绘制①轴轴线。

命令: L ✓

LINE

指定第一个点:在屏幕合适位置单击

指定下一点或 [放弃(U)]:在屏幕上合适的位置单击

指定下一点或 [放弃(U)]: ✓

第4步: 调试线型比例。

命令: LTSCALE ✓

输入新线型比例因子 <100.0000>: 100 ✓

正在重生成模型。

第5步: 绘制其他所有轴线。

命令: CO ✓

COPY

选择对象: 找到 1 个

选择对象: ✓

当前设置: 复制模式 = 多个

指定基点或 [位移(D)/模式(O)] <位移>在屏幕上合适的位置单击

指定第二个点或 [阵列(A)] <使用第一个点作为位移>: 6000✓ (②轴)

指定第二个点或 [阵列(A)/退出(E)/放弃(U)] <退出>: 15000✓ (③轴)

指定第二个点或 [阵列(A)/退出(E)/放弃(U)] <退出>:✓

命令: L ✓ (绘制 A 轴)

LINE

指定第一个点:在屏幕上合适的位置单击

指定下一点或 [放弃(U)]:在屏幕上合适的位置单击

指定下一点或 [放弃(U)]: ✓

命令: 指定对角点或 [栏选(F)/圈围(WP)/圈交(CP)]:

命令: CO ✓ (绘制 B 轴)

COPY 找到 1 个

当前设置: 复制模式 = 多个

指定基点或 [位移(D)/模式(O)] <位移>:在屏幕上合适的位置单击

指定第二个点或 [阵列(A)] <使用第一个点作为位移>: 9000✓

指定第二个点或 [阵列(A)/退出(E)/放弃(U)] <退出>:✓

第6步: 绘制墙线。

将图层转到墙线层。

命令: O ✓

OFFSET

当前设置: 删除源=否 图层=源 OFFSETGAPTYPE=0

指定偏移距离或 [通过(T)/删除(E)/图层(L)] <通过>: 1 ✓

输入偏移对象的图层选项 [当前(C)/源(S)] <源>: c ✓

指定偏移距离或 [通过(T)/删除(E)/图层(L)] <通过>: 120 ✓

选择要偏移的对象，或［退出(E)/放弃(U)］<退出>:单击①轴轴线

指定要偏移的那一侧上的点，或［退出(E)/多个(M)/放弃(U)］<退出>:在①轴左边单击

选择要偏移的对象，或［退出(E)/放弃(U)］<退出>:

指定要偏移的那一侧上的点，或［退出(E)/多个(M)/放弃(U)］<退出>:在①轴右边单击

选择要偏移的对象，或［退出(E)/放弃(U)］<退出>:（单击 A 轴轴线）

指定要偏移的那一侧上的点，或［退出(E)/多个(M)/放弃(U)］<退出>:在 A 轴上边单击

选择要偏移的对象，或［退出(E)/放弃(U)］<退出>:

指定要偏移的那一侧上的点，或［退出(E)/多个(M)/放弃(U)］<退出>:在 A 轴下边单击

选择要偏移的对象，或［退出(E)/放弃(U)］<退出>:✓

命令: CO ✓

COPY

选择对象（选择①轴上的墙线）指定对角点:（找到 2 个）

选择对象:✓

当前设置: 复制模式 = 多个

指定基点或［位移(D)/模式(O)］<位移>:在①轴端点单击

指定第二个点或［阵列(A)］<使用第一个点作为位移>:在②轴端点单击，绘制②轴墙线

指定第二个点或［阵列(A)/退出(E)/放弃(U)］<退出>:在③轴端点单击，绘制②轴墙线

指定第二个点或［阵列(A)/退出(E)/放弃(U)］<退出>:✓

命令: 指定对角点或［栏选(F)/圈围(WP)/圈交(CP)］:

命令: CO ✓

COPY（选择①轴上的墙线）找到 2 个

当前设置: 复制模式 = 多个

指定基点或［位移(D)/模式(O)］<位移>:单击 A 轴端点

指定第二个点或［阵列(A)］<使用第一个点作为位移>:单击 B 轴端点（绘制 B 轴墙线）

指定第二个点或［阵列(A)/退出(E)/放弃(U)］<退出>:✓

第 7 步: 修剪墙线。

先利用修剪命令，将墙线修剪成图 4.S-2 所示图形。

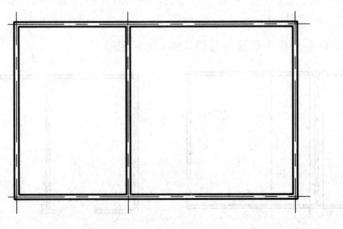

图 4.S-2

命令: O ✓

OFFSET

当前设置：删除源=否　图层=当前　OFFSETGAPTYPE=0

指定偏移距离或 [通过(T)/删除(E)/图层(L)] <120.0000>：480✓

选择要偏移的对象，或 [退出(E)/放弃(U)] <退出>：单击②轴

指定要偏移的那一侧上的点，或 [退出(E)/多个(M)/放弃(U)] <退出>：单击②轴左边（偏移出 1 线），如图 4.S-3 所示。

选择要偏移的对象，或 [退出(E)/放弃(U)] <退出>：

指定要偏移的那一侧上的点，或 [退出(E)/多个(M)/放弃(U)] <退出>：单击②轴右边（偏移出 2 线），如图 4.S-3 所示。

选择要偏移的对象，或 [退出(E)/放弃(U)] <退出>：✓

命令：O✓

OFFSET

当前设置：删除源=否　图层=当前　OFFSETGAPTYPE=0

指定偏移距离或 [通过(T)/删除(E)/图层(L)] <480.0000>：2700✓

选择要偏移的对象，或 [退出(E)/放弃(U)] <退出>：单击"1"线

指定要偏移的那一侧上的点，或 [退出(E)/多个(M)/放弃(U)] <退出>：在"1"线左边单击（偏移出"3"线），如图 4.S-3 所示。

选择要偏移的对象，或 [退出(E)/放弃(U)] <退出>：单击"2"线

指定要偏移的那一侧上的点，或 [退出(E)/多个(M)/放弃(U)] <退出>：在"2"线右边单击，（偏移出"4"线），如图 4.S-3 所示。

选择要偏移的对象，或 [退出(E)/放弃(U)] <退出>：✓

命令：'_.-LAYER✓

当前图层：墙线

输入选项 [?/生成(M)/设置(S)/新建(N)/重命名(R)/开(ON)/关(OFF)/颜色(C)/线型(L)/线宽(LW)/透明度(TR)/材质(MAT)/打印(P)/冻结(F)/解冻(T)/锁定(LO)/解锁(U)/状态(A)/说明(D)/协调(E)]：_OFF

输入要关闭的图层名列表或 <选择对象>：=轴线

输入选项 [?/生成(M)/设置(S)/新建(N)/重命名(R)/开(ON)/关(OFF)/颜色(C)/线型(L)/线宽(LW)/透明度(TR)/材质(MAT)/打印(P)/冻结(F)/解冻(T)/锁定(LO)/解锁(U)/状态(A)/说明(D)/协调(E)]：

利用修剪命令，将图形修剪为图 4.S-4 所示图形。

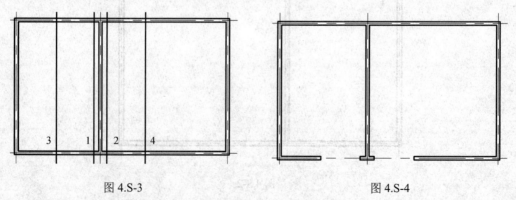

图 4.S-3　　　　　　　　　　　　　图 4.S-4

第 8 步：绘制门。

先打开轴线层，绘制左边的门线。

命令：PL ✓

PLINE

指定起点：单击 A 轴与"1"线交点

当前线宽为 0.0000

指定下一个点或 [圆弧(A)/半宽(H)/长度(L)/放弃(U)/宽度(W)]：2700✓

指定下一点或 [圆弧(A)/闭合(C)/半宽(H)/长度(L)/放弃(U)/宽度(W)]：a ✓

指定圆弧的端点或[角度(A)/圆心(CE)/闭合(CL)/方向(D)/半宽(H)/直线(L)/半径(R)/第二个点(S)/放弃(U)/宽度(W)]：ce ✓

指定圆弧的圆心：（单击 A 轴与"1"线交点）

指定圆弧的端点或 [角度(A)/长度(L)]：a 指定包含角：-90 ✓

指定圆弧的端点或[角度(A)/圆心(CE)/闭合(CL)/方向(D)/半宽(H)/直线(L)/半径(R)/第二个点(S)/放弃(U)/宽度(W)]：✓

命令：指定对角点或 [栏选(F)/圈围(WP)/圈交(CP)]：

命令：MI ✓

MIRROR 找到 1 个（选择门线）

指定镜像线的第一点：单击②轴端点

指定镜像线的第二点：单击②轴与墙线的交点

要删除源对象吗？[是(Y)/否(N)] <N>：✓

第9步：绘制图幅图框与图标。

命令：REC ✓

RECTANG

指定第一个角点或 [倒角(C)/标高(E)/圆角(F)/厚度(T)/宽度(W)]：在屏幕上合适的位置单击

指定另一个角点或 [面积(A)/尺寸(D)/旋转(R)]：d✓

指定矩形的长度 <10.0000>：29700✓

指定矩形的宽度 <10.0000>：21000✓

指定另一个角点或 [面积(A)/尺寸(D)/旋转(R)]：在右下角单击

命令：0 ✓

OFFSET

当前设置：删除源=否　图层=当前　OFFSETGAPTYPE=0

指定偏移距离或 [通过(T)/删除(E)/图层(L)] <2700.0000>：500✓

选择要偏移的对象，或 [退出(E)/放弃(U)] <退出>：单击刚才绘制的矩形

指定要偏移的那一侧上的点，或 [退出(E)/多个(M)/放弃(U)] <退出>：在矩形内部单击

选择要偏移的对象，或 [退出(E)/放弃(U)] <退出>：✓

命令：S ✓

STRETCH

以交叉窗口或交叉多边形选择要拉伸的对象...

选择对象：指定对角点：找到 1 个，如图 4.S-5 所示

选择对象：✓

指定基点或 [位移(D)] <位移>：在屏幕上合适的位置单击

指定第二个点或 <使用第一个点作为位移>：将光标向右移动，2000 ✓

命令：L ✓

LINE

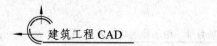

指定第一个点：4000✓（从图框的右下角点向左水平追踪 4000）

指定下一点或 [放弃(U)]：（单击图框上面边线的垂足点。绘制出图标边框线，如图 4.S-6 所示）

图 4.S-5   图 4.S-6

指定下一点或 [放弃(U)]：✓

命令：DIV ✓

DIVIDE

选择要定数等分的对象：单击刚才绘制的直线

输入线段数目或 [块(B)]：8✓

命令：'_ddptype 正在重生成模型

命令：L ✓

LINE

指定第一个点：单击第 1 个均分点

指定下一点或 [放弃(U)]：单击右边框的垂足点

指定下一点或 [放弃(U)]：✓

命令：CO ✓

COPY 找到 1 个

当前设置：复制模式 = 多个

指定基点或 [位移(D)/模式(O)] <位移>：单击第 1 个均分点

指定第二个点或 [阵列(A)] <使用第一个点作为位移>：单击第 2 个均分点

指定第二个点或 [阵列(A)/退出(E)/放弃(U)] <退出>：单击第 3 个均分点

指定第二个点或 [阵列(A)/退出(E)/放弃(U)] <退出>：单击第 4 个均分点

指定第二个点或 [阵列(A)/退出(E)/放弃(U)] <退出>：单击第 5 个均分点

指定第二个点或 [阵列(A)/退出(E)/放弃(U)] <退出>：单击第 6 个均分点

指定第二个点或 [阵列(A)/退出(E)/放弃(U)] <退出>：单击第 7 个均分点

指定第二个点或 [阵列(A)/退出(E)/放弃(U)] <退出>：✓

命令：指定对角点或 [栏选(F)/圈围(WP)/圈交(CP)]：

命令：E ✓

ERASE（找到 7 个，删除辅助点）

打开【线宽】按钮，显示图 4.S-7 所示图形。

第 10 步：移动绘制图幅图框与图标，将平面图装进图框。

命令：M ✓

MOVE

选择对象：指定对角点：找到 10 个（选择图幅、图框、图标）

选择对象：✓

指定基点或 [位移(D)] <位移>:在屏幕上合适的位置单击

指定第二个点或 <使用第一个点作为位移>：　<正交 关>

完成图形绘制，如图 4.S-7 所示，然后进行标注即可如图 4.S-8 所示。

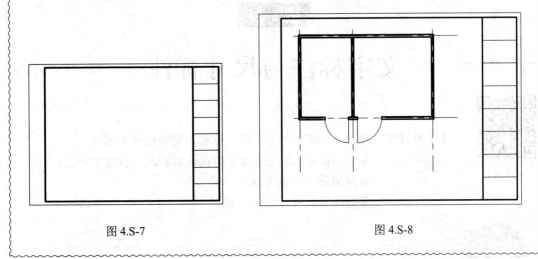

图 4.S-7　　　　　　　　　　　　　　　　图 4.S-8

操 作 训 练

1. 绘制训练图 4.1，并将其图幅、图框、图标保存成图块 "A4 横幅.dwg"

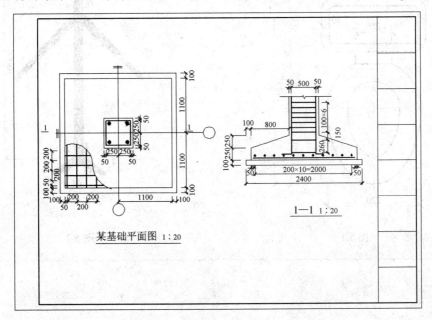

训练图 4.1

2. 任意绘制一个多边形、圆和圆弧，查询其边长、半径和面积

5

项目

文字标注与尺寸标注

教学 PPT

▌**学习目标** 掌握 AutoCAD 文字样式设置和文字标注的方法；
掌握 AutoCAD 尺寸标注样式设置和尺寸标注的方法；
掌握编辑文字的方法；
掌握编辑尺寸标注的方法。

项目任务

对图 5.1 和图 5.2 进行文字标注和尺寸标注。

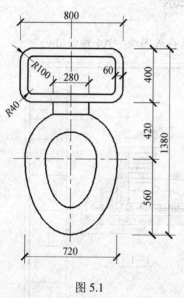

图 5.1

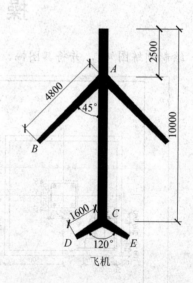

飞机

图 5.2

任务 *5.1*　文 字 标 注

文字样式的设置
（视频）

5.1.1　设置文字样式（style/ST）

1．功能

AutoCAD 可以为图形进行文字标注和说明，对于已标注的文字，还提供相应的编辑命令，使得绘图中文字标注能力大为增强。

文字样式是定义文字标注时的各种参数和表现形式。用户可以在字体样式中定义字体、高度等参数，并赋名保存。

2．命令启动方式

1）选项卡：单击【默认】选项卡→【注释】下拉菜单→【文字样式】按钮 。

2）命令行：style（st）✓。

3．style 命令各选项含义

启动文字样式命令后，弹出【文字样式】对话框，如图 5.3 所示。在该对话框中，用户可以进行字体样式的设置。

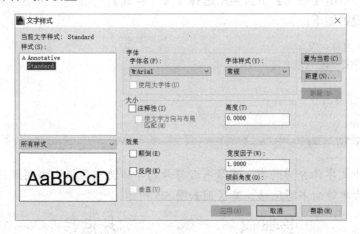

图 5.3

（1）【样式】选项组

样式列表框：列出了当前图形文件中所有曾定义过的字体样式。

（2）【字体】选项组

● 【字体名】：其中包含了当前 Windows 系统中所有的字体文件，供用户选择使用。

● 【字体样式】：选择字体之后，字体样式即为常规。

● 【使用大字体】复选框：选择后即可选用大字体文件，建筑制图一般不使用。

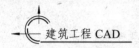

（3）【大小】选项组

● 高度：设置标注文字的高度。取默认值为 0，在书写文字时可灵活设置高度；若在此设置高度，则书写时文字高度不能修改。

（4）【效果】选项组

● 【颠倒】复选框：确定是否将文字旋转 180°。

● 【反向】复选框：确定是否将文字以镜像方式标注。

● 【垂直】复选框：控制文字是水平标注还是垂直标注。

● 【宽度比例】文本框：设置文字的宽度系数。

● 【倾斜角度】文本框：确定文字的倾斜角度。

（5）【预览】

在预览区可以观察所设置的字体样式是否满足要求。

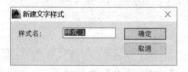

图 5.4

（6）其他按钮

● 【置为当前】按钮：将选择的文字样式置为当前。

● 【新建】按钮：创建新的字体样式，新建时打开创建对话框创建新的字体样式，如图 5.4 所示。

● 【删除】按钮：删除选择的字体样式。

● 【应用】按钮：实现所设置的文字样式的应用。

4. 命令操作过程

根据建筑制图标准中对"汉字"的要求设置文字样式。

启动命令，单击【格式】下拉菜单选择【文字样式】。

各参数的设置如下：

新建样式名称：汉字
字体：仿宋 GB2312
高度：0
宽度比例：0.7

■小贴士■

Windows 中文字体分为两类，不带有@符号的字体为现代横向书写风格，而带有@符号的字体则为古典竖向书写风格，其区别如图 5.5 所示。

（a）"@仿宋-GB2312"字体　　　　　　（b）"仿宋-GB2312"字体

图 5.5

5.1.2　标注单行文字（dtext/DT）

1. 功能

单行文字并非指此命令一次只能标注一行文字，实际上启动一次命令能够标注多行文字，每一行文字都是一个单独的对象。

2. 命令启动方式

1）选项卡：单击【默认】选项卡→【注释】面板→【文字】下拉菜单→【单行文字】
按钮。

2）选项卡：单击【注释】选项卡→【多行文字】下拉菜单→【单行文字】按钮。

3）命令行：dtext（dt）✓。

3. dtext 命令各选项含义

● 对齐：选择所书写的文字对齐的位置。
● 样式：选择所书写的文字的样式。

4. 命令操作过程（例 5.1）

【例 5.1】注写图 5.6 所示文字，字高 5mm。

命令：DT✓
当前文字样式：Standard　当前文字高度：2.500
指定文字起点或修改样式：用鼠标点取或输入 S（样式修改为文字）
指定文字高度：5✓
指定文字的旋转角度：0✓
输入文字：建筑制图✓
输入文字：12345✓
输入文字：AutoCAD✓
输入文字：✓（结束命令）

建筑制图
12345
AutoCAD

图 5.6

■ 小贴士

1）执行一次单行文字命令，通过回车键可以连续标注多行文字，但每行的文本均为单
独实体。两次回车结束单行文字命令。

2）如果文字样式中的字高不为 0，那么在文本标注过程中命令行不再提示指定文字高
度，即文字高度为已设定的字高。

5.1.3　标注多行文字（mtext/MT）

在输入的文字较多时，采用多行文字标注命令更加方便，而且其功能强大且全面。

1. 功能

一次可以输入多行文本。

2. 命令启动方式

1）选项卡：单击【默认】选项卡→【注释】面板→【文字】下拉菜
单→【多行文字】按钮。

2）选项卡：单击【注释】选项卡→【多行文字】按钮。

文字标注与修改
（视频）

3）命令行：mtext（mt）✓。

3. mtext 命令操作过程

命令:mt✓
当前文字样式：Standard   当前文字高度：2.500
指定第一角点：（确定一点作为标注文本框的第一个角点）。
指定第二角点：（确定文本框的另一个角点）。

选择两个角点后，弹出【文字格式】对话框，如图 5.7 所示。用户可以利用此对话框设置文字的样式、字体、高度、字型等，并通过文字编辑器输入文字内容。

内容输入完毕后，单击确定结束命令。

图 5.7

4. mtext 命令行各选项含义

指定第二角点提示中其他选项含义如下：

- 高度：设置标注文本的高度。
- 对正：设置文本排列方式。
- 行距：设置文本行间距。
- 旋转：设置文本倾斜角度。
- 样式：设置文本字体标注样式。
- 宽度：设置文本框的宽度。

5.1.4 特殊字符的输入

在建筑工程制图中，经常需要标注一些特殊符号，这些特殊字符不能直接从键盘输入，AutoCAD 提供了一些简捷的控制码，通过键盘输入这些控制码，达到输入特殊字符的目的。

特殊字符输入格式如表 5.1 所示。

表 5.1　特殊字符输入格式

输入格式	符号
%%D	角度符号（°）
%%P	正负符号（±）
%%O	控制是否加"上划线"
%%U	控制是否加"下划线"
%%C	圆直径标注符号（φ）
%%130	钢筋符号 Φ
%%131	钢筋符号 ⸰
%%132	钢筋符号 ⸰
%%133	钢筋符号 ⸰

注意：钢筋符号所用的文字字体是 tssdeng.shx。用户需要先将该字体添加到 AutoCAD 的字库 FONTS 文件夹中，然后将字体样式设置为 tssdeng.shx，才能正确显示钢筋符号。

5.1.5　文字编辑（ddedit/ED）

已标注的文本，有时需对其属性或文字本身进行修改，AutoCAD 提供了两种文本基本编辑方法，即 ddedit 命令和队形特征管理器，方便用户快速便捷的编辑所需的文本。

1. 利用 ddedit 命令编辑文本

（1）命令启动方式

1）命令行：ddedit（ed）↙。

2）直接双击要修改的文本对象。

（2）命令操作过程

命令:ED↙
选择注释对象或放弃：（选择要修改的文本）

若选择的文本是单行文本，则会出现图 5.8 所示的效果，即可对文字内容进行修改。若选择的文本是多行文本，则弹出图 5.7 所示的文本编辑框进行文本编辑。

图 5.8

2. 利用"对象特征管理器"编辑文本

（1）命令启动方式

1）选项卡：单击【视图】选项卡→【选项板】面板→【特性】按钮。

2）右键快捷菜单选择"特性"。

（2）命令操作过程

命令执行后，打开【特性管理器】，如图 5.9 所示，即可利用该特性管理器进行文本编辑。

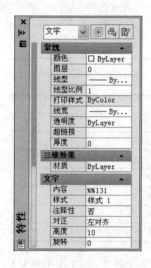

图 5.9

在使用【特性管理器】编辑图形实体时，允许一次选择多个文本实体；而用 ddedit 命令编辑文本实体时，每次只能选择一个文本实体。

3. 文字的快速显示

（1）功能

控制文字和属性对象的显示和打印。如果打开"QTEXT"（快速文字），AutoCAD 将显示文字和文字对象周围边框上的属性对象。如果图形包含有大量文字对象，打开"qtext"模式可减少 AutoCAD 重画和重生成图形的时间。

（2）命令启动方式

命令行：qtext✓。

（3）qtext 命令各选项含义

模式为"on"时显示文字边框，模式为"off"时显示文字。执行完该命令，重生成后才能有相应的显示。

重生成的执行方式：

● 命令行输入"re"并回车。
● 单击草图与注释最右侧下三角弹出【显示菜单栏】，在【视图】下拉菜单选择重生成。

任务 5.2 尺 寸 标 注

尺寸标注样式的设置（视频）

5.2.1 设置尺寸标注样式（dimstyle）

建筑工程图中的尺寸标注是建筑工程图的重要组成部分。利用 AutoCAD 的尺寸标注命令可以方便快速地标注图样中不同方向、形式的尺寸。

1. 尺寸标注的组成

一个完整的尺寸标注通常有四个标注要素组成：尺寸线、尺寸界线、尺寸起止符和尺寸文本（数字）。图 5.10 为建筑制图尺寸标注各部分的名称。

图 5.10

一般情况下，AutoCAD 将尺寸作为一个图块，即尺寸标注的四个组成要素各自不是单独的实体，而是构成图块的一部分。如果对该尺寸标注进行拉伸，那么拉伸后尺寸标注的数字将自动的发生相应的变化。这种尺寸标注称为关联性尺寸标注。

如果尺寸标注的四个组成要素都是单独的实体，即尺寸标注不是一个图块，那么这种尺寸标注称为无关联性尺寸。如果用户拉伸无关联性尺寸，将会看到尺寸线被拉伸，但尺寸数字仍保持不变。因此，无关联尺寸无法适时反映图形的准确尺寸。

图 5.11 所示为用 Scale 命令缩放关联性和非关联性尺寸的结果。

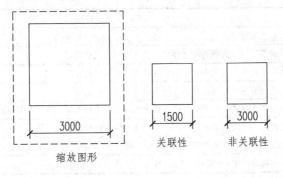

图 5.11

2. 设置尺寸标注样式（dimstyle/D）

尺寸标注样式控制着尺寸标注的外观和功能，它可以通过标注样式管理器来定义不同设置的标注样式，并给它们赋名。下面以建筑制图标准要求的尺寸样式为例，介绍尺寸标注样式的创建。

3. 命令启动方式

1）下拉菜单：单击【默认】选项卡→【注释】下拉菜单→【标注样式】按钮 。

2）下拉菜单：单击【注释】选项卡→【标注】面板→右下角按钮。

3）命令行：dimstyle（d）。

4. 标注样式管理器功能介绍

启动标注样式命令后，弹出【标注样式管理器】对话框，如图 5.12 所示，在该对话框中，用户可以进行标注样式的设置。本对话框各设置选项的作用见表 5.2。

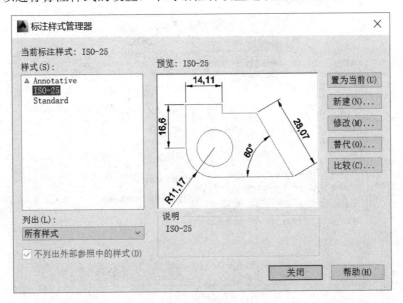

图 5.12

表 5.2 "标注样式管理器"对话框设置项的作用

设置项	作用
当前标注样式	显示当前标注样式
样式	显示可以使用的所有标注样式，当前标注样式被亮显
置为当前	将从【样式】列表中选定的标注样式设置为当前标注样式
新建	定义新的标注样式，显示【创建标注样式】对话框
修改	修改在【样式】栏选择的样式的参数，显示【修改标注样式】对话框
替代	设置标注样式的临时替代值，显示【替代当前样式】对话框
比较	比较两种标注样式的特性或列出一种样式的所用特性，显示【比较标注样式】对话框
预览	在预览窗口中实时的显示标注样式的格式

图 5.13

单击【新建】按钮弹出如图 5.13 所示的【创建标注样式对话框】。

说明：

- 新样式名：设置创建新的尺寸样式的名称，如输入"建筑制图"。
- 基础样式：选择一种已有样式，新的标注样式在此基础上修改不符合要求的部分。
- 用于：限定新标注样式的应用范围。

- 单击【继续】按钮，弹出图 5.14 所示的【新建标注样式：建筑制图】对话框。在进行尺寸标注设置时，单击【新建】【修改】【替代】三个按钮都将弹出相应的对话框，虽然弹出的对话框各具功能，但它们的参数内容相同。

（1）【线】选项卡

该选项卡如图 5.14 所示，用于设置尺寸线、尺寸界线和其他几何参数，参数说明见表 5.3。

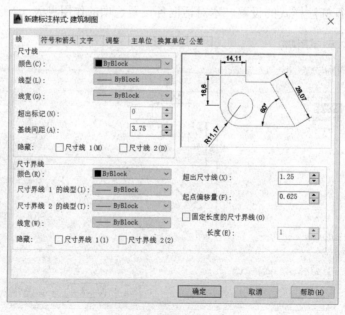

图 5.14

表 5.3　【线】选项卡的参数说明

参数名称	参数说明
颜色	设置尺寸线（尺寸界线）的颜色
线型	设置尺寸线（尺寸界线）的线型
线宽	设置尺寸线（尺寸界线）的线宽
超出标记	指定尺寸线超过尺寸界线的长度。《房屋建筑制图统一标准》规定该数值一般为0。当箭头样式为"倾斜、建筑标记、小标记、积分和无标记"是本选项才能被激活，否则将呈淡灰色显示而无效
基线间距	采用基线方式标注尺寸时，控制各尺寸线之间的距离。《房屋建筑制图统一标准》规定两尺寸线间距为 7～10mm
隐藏	控制是否隐藏第一条、第二条尺寸线（尺寸界线）。建筑制图时，选择默认值，即两条尺寸线（尺寸界线）都可见
超出尺寸线	控制尺寸界线超出尺寸线的长度。《房屋建筑制图统一标准》(GB/T 5001—2010)规定这一长度宜为2～3mm
起点偏移量	设置尺寸界线的起始点离开指定标注起点的距离

（2）【符号和箭头】选项卡

本选项卡如图 5.15 所示，用于设置起止符号的形状和大小。箭头选项组中各选项的含义如下：

- 第一个：选择第一个尺寸起止符的形状。下拉列表框中提供各种起止符号以满足各种工程制图的需要。建筑制图时，选择"建筑标记"即可。当用户选择某种类型的起止符号作为第一个起止符号时，AutoCAD 将自动把该类型的起止符默认为第二个起止符号二出现在第二个下拉列表框中。
- 第二个：选择第一个尺寸起止符的形状。
- 引线：设置指引线的箭头形状。

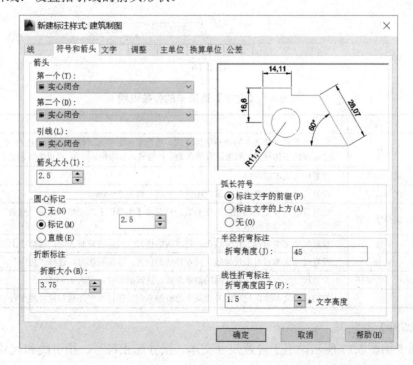

图 5.15

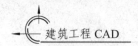

● 箭头大小：设置尺寸起止符号的大小。《房屋建筑制图统一标准》(GB/T 50001—2010)
要求起止符号一般用中粗短线绘制，长度宜为 2～3mm。

该选项卡中其他内容已有详细介绍，不再赘述。

（3）【文字】选项卡

本选项卡如图 5.16 所示，用于设置尺寸文本、尺寸起止符号、指引线和尺寸线的相对
位置以及尺寸文本格式，参数说明见表 5.4。

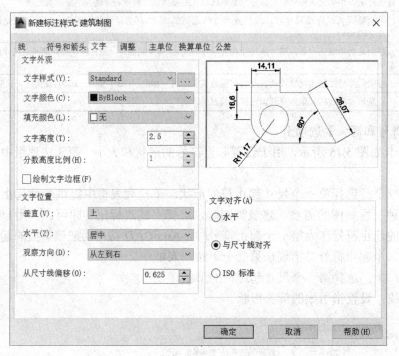

图 5.16

表 5.4　【文字】选项卡的参数说明

选项组	参数名称	参数说明
文字外观	文字样式	显示和设置尺寸文本的当前字体样式。用户可从下拉列表框中选择已定义的样式作为当前尺寸标注的字体样式。如果没有适合的字体样式，右击按钮⬚⬚⬚，可以即时创建新的文字样式
	文字颜色	设置尺寸文本的颜色
	文字高度	设置尺寸文本的高度。建筑制图时，字高一般为 3～4mm
	分数高度比例	设置分数尺寸文本的相对高度系数。只有当【主单位】选项组中选择"分数"作为"单位格式"时，此项才能用
文字位置	垂直	设置尺寸文本相对于尺寸线在垂直方向的排列方式。建筑制图时，选择"上方"
	水平	设置尺寸文本相对于尺寸线、尺寸界线的位置。建筑制图时，选择"居中"
	从尺寸线偏移	设置尺寸文本和尺寸线之间的偏移距离。建筑制图时，输入 1～1.5mm
文字对齐		控制尺寸文本放在尺寸线外边或里边时的方向是保持水平还是与尺寸线平行

（4）【调整】选项卡

本选项卡如图 5.17 所示，用于设置尺寸文本、尺寸起止符号、指引线和尺寸线的相对
排列位置，参数说明见表 5.5。

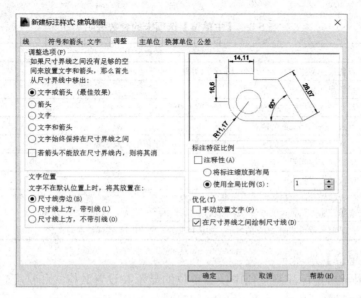

图 5.17

表 5.5　【调整】选项卡的参数说明

参数名称	参数说明
调整选项	基于尺寸界线之间的可用空间，控制尺寸文本和尺寸起止符号的位置。在建筑制图中，选择默认值"文字或箭头（最佳效果）"
文字位置	设置当尺寸文本离开其默认位置时的放置位置
标注特征比例	通过比例数值控制尺寸标注四个元素的实际尺寸，即各元素实际大小=设置的数值×比例数值。例如，在【文字】选项卡中文字高度为 2.5，若设置"全局比例=2"，则实际文字高度为 5
优化	设置尺寸文本的精细微调选项

（5）【主单位】选项卡

本选项卡如图 5.18 所示，用于设置"线性标注"及"角度标注"的单位样式和精度，并设置标注文字的前缀和后缀，参数说明见表 5.6。

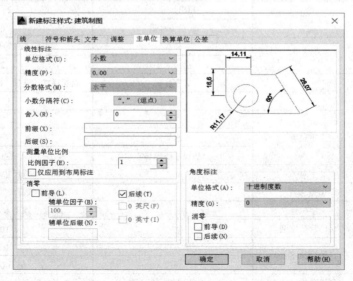

图 5.18

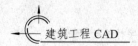

表5.6 【主单位】选项卡的参数说明

参数名称	参数说明
单位格式	设置尺寸文字的数字（或角度）表示类型
精度	设置尺寸文本中的小数位数
分数格式	只有当"单位格式=分数"时，本选项才有效
小数分隔符	设置十进制格式的分隔符
舍入	为除"角度"之外的所有标注类型设置标注测量值的舍入规则
前缀	给尺寸文字指示一个前缀
后缀	给尺寸文字指示一个后缀
测量单位比例	设置线性标注测量值的比例因子。AutoCAD 按公式"标注值=测量值×比例因子"进行标注。例如，标注对象的实际测量长度值为20，当设置"比例因子=2"后，尺寸标注值为40
消零	控制前导或后续的"0"的显示。如选择前导，则"0.5"实际显示为".5"

（6）【换算单位】选项卡

本选项卡用于指定标注测量值中换算单位的显示并设置其格式和精度。在建筑制图中很少应用，不再详述。

（7）【公差】选项卡

本选项卡用于控制尺寸文字中公差的显示与格式。在建筑制图中很少应用，不再详述。

【例5.2】根据建筑制图尺寸标注的要求，设置绘图比例为1∶100的尺寸标注样式的各参数。

启动命令，单击【格式】下拉菜单选择【标注样式】，单击【新建】按钮，新样式名：建筑制图，单击【继续】，设置各选项卡中的参数，各参数值参照表5.7，单击【确定按钮】，【置为当前】，【关闭】，标注样式设置完毕。

表5.7 建筑制图尺寸标注各参数设置

选项卡名称	分选项名称	参数名称	设置值
直线	尺寸线	超出标记	0
		基线间距	7～10，采用基线方式标注尺寸时有效
	尺寸界线	超出尺寸线	2～3
		起点偏移量	0
符号和箭头	箭头	箭头	建筑标记
		箭头大小	2
文字	文字外观	文字样式	新建样式，选择"Simplex.shx"字体
		文字高度	3～4
	文字位置	垂直	上方
		水平	居中
		从尺寸线偏移	1
	文字对齐		与尺寸线对齐
调整	调整选项		文字或箭头（最佳效果）
	文字位置		尺寸线上方，不加引线
	标注特征比例		100
主单位	线性标注	单位格式	小数
		精度	0
	测量单位比例	比例因子	1

5.2.2　标注尺寸

标注尺寸是将所绘制对象的尺寸进行标注。AutoCAD 中提供了多种尺寸标注的方法，包括：线性标注、对齐标注、角度标注、直径标注、半径标注、连续标注、基线标注、引线标注、快速标注。

1. 线性标注（dimlinear/DLI）

（1）功能
用于标注水平或垂直的线性尺寸。

（2）命令启动方式

- 选项卡：单击【默认】选项卡→单击【注释】面板→选择【标注】下拉菜单→选择【线性】按钮，如图 5.19 所示。

- 选项卡：单击【注释】选项卡→【标注】面板→【标注】下拉菜单→【线性】按钮。

- 命令行：dimlinear（dli）↙。

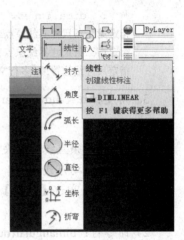

图 5.19

（3）命令行各选项含义

- 多行文字(M)：显示多行文字编辑器，可用来编辑标注文字。

- 文字(T)：在命令行自定义标注文字。

- 角度(A)：修改标注文字的角度。

- 水平(H)：创建水平线性标注。

- 垂直(V)：创建垂直线性标注。

- 旋转(R)：创建旋转线性标注。

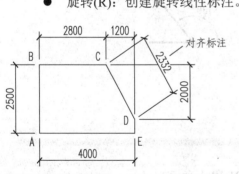

图 5.20

【例 5.3】标注图 5.20 的尺寸。
步骤：（以线段 AB 为例）

命令：_dimlinear↙
指定第一条尺寸界线原点或<选择对象>：单击点 A
指定第二条尺寸界线原点：单击点 B
指定尺寸线位置或[多行文字(M)/文字(T)/角度(A)/水平(H)/垂直(V)/旋转(R)]：在放置尺寸线处单击鼠标，命令结束。

当采用线性标注标注线段 CD 的水平和垂直尺寸时，点取 C、D 两点后，若鼠标在 CD 的水平投影范围内移动，将显示标注 "1200"，若在 CD 的垂直投影范围内移动，将显示标注 "2000"。

2. 对齐标注（dimaligned/DAL）

（1）功能
用于标注倾斜型的直线对象的尺寸，亦可标注水平或垂直尺寸。

（2）命令执行方式

1）选项卡：单击【默认】选项卡→【注释】面板→【标注】下拉菜单→【对齐】按钮，如图 5.19 所示。

2）命令行：dimaligned(dal) ✓。

【例 5.4】标注图 5.20 中线段 CD 的尺寸。

```
命令：_dimaligned✓
指定第一条尺寸界线原点或<选择对象>：单击点 C
指定第二条尺寸界线原点：单击点 D
指定尺寸线位置或[多行文字(M)/文字(T)/角度(A)]：在合适的位置单击，命令结束。
```

3. 角度标注（dimangular/DAN）

（1）功能

用于标注两条直线间的夹角或圆弧夹角。

（2）命令启动方式

1）选项卡：单击【默认】选项卡→【注释】面板→【标注】下拉菜单→【角度】按钮，如图 5.19 所示。

2）命令行：dimangular(dan) ✓。

【例 5.5】标注图 5.21（a）中∠BAC 的度数。

```
命令：_dimangular✓
选择圆弧、圆、直线或 <指定顶点>：单击选择线段 AB
选择第二条直线：单击选择线段 AC
指定标注弧线位置或 [多行文字(M)/文字(T)/角度(A)/象限点(Q)]：在放置尺寸线处单击鼠
```
标，命令结束

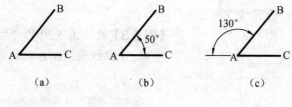

（a）　　　　　　（b）　　　　　　（c）

图 5.21

■ 小贴士

1）当尺寸线位于两直线内时，标注结果为图 5.21（b）所示。

2）当尺寸线位于两直线外时，标注结果为图 5.21（c）所示。

3）在进行角度标注前，应将标注样式中的箭头样式选择为"实心箭头"。

4. 直径标注/半径标注（dimdiameter（DDI）/dimradius（DRA））

（1）功能

用于标注圆或圆弧的直径或半径。

（2）命令启动方式

1）选项卡：单击【默认】选项卡→【注释】面板→【标注】下拉菜单→【直径或半径】
按钮，如图 5.19 所示。

2）命令行：dimdiameter（di）/dimradius（dr）✓。

【例5.6】标注图 5.22（a）中圆的直径和半径。

直径、半径和角度标注
（视频）

命令：_dimdiameter 或_dimradius✓

选择圆弧或圆:单需要标注的圆

指定尺寸线位置或 [多行文字(M)/文字(T)/角度(A)]:在放置尺
寸线处单击，命令结束

（a）原图

（b）直径标注完成

（c）半径标注完成

图 5.22

5. 连续标注（dimcontinue/DCO）

（1）功能

用于标注彼此首尾相连的多个尺寸，前一个尺寸的第
二个尺寸界线就是后一个尺寸的第一尺寸界线。

（2）命令启动方式

● 选项卡：单击【注释】选项卡→【标注】面板→【连
续标注】按钮，如图 5.23 所示。

● 命令行：dimcontinue（DCO）✓。

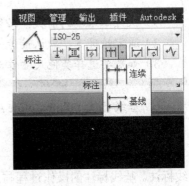

图 5.23

【例5.7】标注图 5.24（a）中各线段之间的距离。

先用线性标注命令标注 CD 之间的距离 2000，然后启
动连续标注命令，系统提示：

命令：_dimcontinue✓

指定第二条尺寸界线原点或 [放弃(U)/选择(S)] <选择>:单击点 E

标注文字 = 2100

指定第二条尺寸界线原点或 [放弃(U)/选择(S)] <选择>:单击点 F

标注文字 = 2200

指定第二条尺寸界线原点或 [放弃(U)/选择(S)] <选择>:✓

选择连续标注:鼠标单击点 C 对应的尺寸界线

指定第二条尺寸界线原点或 [放弃(U)/选择(S)] <选择>:单击点 B

标注文字 = 1900

指定第二条尺寸界线原点或 [放弃(U)/选择(S)] <选择>:单击点 A

标注文字 = 1800

指定第二条尺寸界线原点或 [放弃(U)/选择(S)] <选择>:✓

选择连续标注:回车，命令结束

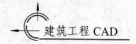

结果如图 5.24（c）所示。

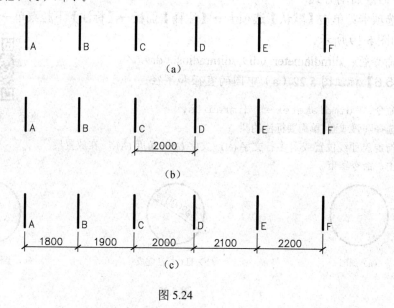

图 5.24

■ **小贴士**

1）执行本命令的前提：必须有一个已有的基准尺寸标注。
2）通常情况下，默认最近一个创建的尺寸标注为连续标注的基准标注对象，
3）如果要选择其他尺寸作为基准尺寸，需要使用"选择"参数进行切换。

6. 基线标注（dimbaseline /DBA）

（1）功能

在建筑制图中，往往以某一线作为基准，其他尺寸都按照该基准进行定位，这就是基线标注。基线标注的操作过程与连续标注基本相同，只是新标注的尺寸线与原尺寸线平行，不在一条直线上。

（2）命令启动方式

1）选项卡：单击【注释】选项卡→【标注】面板→【连续标注】按钮。

2）命令行：dimbaseline（DBA）↙。

【例 5.8】标注图 5.25（a）中 AD、AF 的水平距离。

先用线性标注标注 AB 之间的距离 2000，然后启动基线标注命令，系统提示：

```
命令：_dimbaseline↙
指定第二条尺寸界线原点或 [放弃(U)/选择(S)] <选择>:单击点 D
标注文字 = 4000
指定第二条尺寸界线原点或 [放弃(U)/选择(S)] <选择>:单击点 F
标注文字 = 6000
```

指定第二条尺寸界线原点或 [放弃(U)/选择(S)] <选择>:↙

选择基准标注：↙命令结束

结果如图 5.25（b）所示。

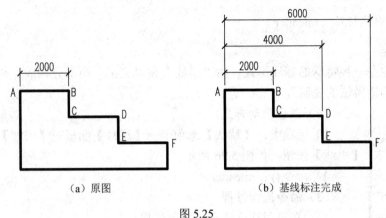

（a）原图　　　　　　　　（b）基线标注完成

图 5.25

■ 小贴士

两条尺寸线之间的距离由标注样式中的"基线间距"参数值控制。

7. 快速标注（QDIM）

（1）功能

快速标注是一个交互的、动态的、自动化的尺寸标注生成器，用于快速标注目标对象，使标注工作大大简化。

（2）命令启动方式

1）选项卡：单击【注释】选项卡→【标注】面板→【快速标注】按钮 。

2）命令行：QDIM↙。

（3）命令执行中各参数说明

● 连续(C)：创建一系列的连续标注。

● 并列(S)：创建一系列的并列标注。

● 基线(B)：创建一系列的基线标注。

● 坐标(O)：创建一系列的坐标标注。

● 半径(R)：创建一系列的半径标注。

● 直径(D)：创建一系列的直径标注。

● 基准点(P)：为基线和坐标标注设置新的基准点。

● 编辑(E)：编辑一系列标注。

● 设置(T)：为指定尺寸界线原点设置默认对象捕捉。

【例 5.9】用快速标注标注图 5.24（a）中各线段之间的距离。

命令：_qdim↙
关联标注优先级 = 端点

选择要标注的几何图形：指定对角点：找到 6 个（用"交叉窗口"方式选择这 6 条线段）

选择要标注的几何图形：✓

指定尺寸线位置或 [连续(C)/并列(S)/基线(B)/坐标(O)/半径(R)/直径(D)/基准点(P)/编辑(E)/设置(T)]＜连续＞：在放置尺寸线处单击鼠标，命令结束

8. 多重引线标注（mleader）

（1）功能

快速标注是一种特殊的标注形式，由"引线"和"文字"两部分构成。在建筑制图中主要用于"构造做法的说明"。

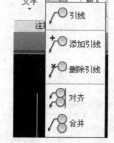

图 5.26

（2）命令启动方式

1）选项卡：【默认】选项卡→【注释】面板→【引线】下拉菜单→【引线】按钮，如图 5.26 所示。

2）命令行：mleader✓

（3）命令操作过程

启动多重引线标注命令，系统提示：

命令：_mleader✓

指定引线箭头的位置或 [引线基线优先(L)/内容优先(C)/选项(O)]＜选项＞：在放置引线箭头处单击

指定引线基线的位置：在放置引线箭头处单击，打开多行文字输入对话框，输入完毕回车，结束命令

5.2.3 尺寸标注编辑

1. 利用特性管理器编辑尺寸标注

（1）命令启动方式

1）选项卡：单击【视图】选项卡→【选项板】面板→【特性】按钮 。

2）右键快捷菜单：选择【尺寸标注】右击，在【快捷菜单】中选择【特性】。

尺寸标注的修改
（视频）

（2）命令操作过程

命令执行后，打开【特性管理器】，在【文字】→【文字代替】→栏的空白处单击，输入正确的标注数字并回车，即可更改尺寸标注数字。

命令执行后，打开【特性管理器】，即可利用该【特性管理器】根据需要更改尺寸标注。

【例 5.10】修改图 5.27（a）中的水平尺寸。

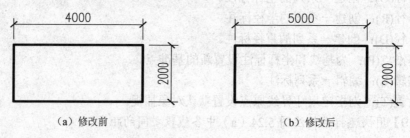

（a）修改前　　　　　　　　　　　（b）修改后

图 5.27

启动命令，打开【特性管理器】，打开【文字】选项卡如图 5.28 所示，"测量单位" 栏显示当前实测值 "4000"，在 "文字替代" 栏中输入 "5000" 后回车，修改结果如图 5.27（b）所示。

2. 编辑标注文字命令（dimedit/DED）

（1）命令启动方式
命令行：dimedit（DED）✓
（2）命令执行中各参数说明

- 默认(H)：将尺寸数字移回默认位置。
- 新建(N)：使用多行文字编辑器更改尺寸数字。
- 旋转(R)：旋转尺寸数字。
- 倾斜(O)：调整标注尺寸界线的倾斜角度。

【例 5.11】修改图 5.27（b）中的水平尺寸为 4000。

```
命令：_dimedit✓
输入标注编辑类型 [默认(H)/新建(N)/旋转(R)/倾斜(O)] <默认>:n（输入需要编辑的选项）
    在文字格式对话框，输入新尺寸：4000✓
    选择对象：找到 1 个单击要修改的尺寸 5000
    选择对象:回车，命令结束
```

3. 编辑标注文字的位置（dimtedit）

（1）命令执行方式
1）命令行：dimtedit✓。
2）选择要移动的尺寸数字，将十字光标拾取框置于标注文字位置（仅移动文字）。
（2）命令执行中各参数说明

- 左(L)：沿尺寸线左对齐尺寸数字。
- 右(R)：沿尺寸线右对齐尺寸数字。
- 中心(C)：将尺寸数字放在尺寸线的中间。
- 默认(H)：将尺寸数字移回默认位置。
- 角度(A)：修改尺寸数字的角度。

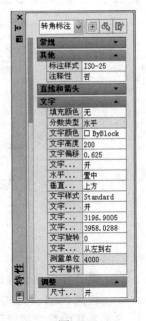

图 5.28

【例 5.12】将图 5.27（a）中的水平尺寸数字 2000 置于尺寸线的右侧。

```
命令：dimtedit✓
选择标注：选择需要移动文字的尺寸标注
指定标注文字的新位置或 [左(L)/右(R)/中心(C)/默认(H)/角度(A)]：在放置尺寸数字处
单击鼠标，命令结束
```

任务实施

1. 绘制图 5.1 所示图形并进行相应的尺寸标注

第 1 步: 绘制卫生器具。

运用前面学过的绘图命令和修改命令按照尺寸要求绘制卫生器具。

选用绘图命令包括: 直线、圆、椭圆、圆角等。

选用的修改命令包括: 修剪、镜像等。

绘图技巧包括: 对象捕捉、对象追踪、极轴正交的应用等。

第 2 步: 设置文字样式。

按照 5.1.1 介绍的文字标注样式设置方法, 进行文字样式的设置。主要参数的数值按以下要求进行设置: 文字样式名称——数字、字体名 simplex.shx、高度——0、宽度因子——0.7, 如图 5.S-1 所示。

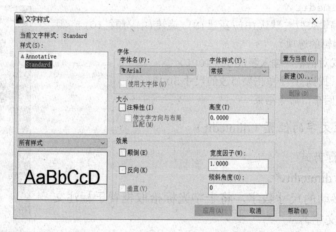

图 5.S-1

第 3 步: 设置标注样式。

按照 5.2.1 介绍的方法, 进行尺寸样式的设置。先进行半径标注的标注样式设置, 主要参数的数值按以下要求进行设置: 颜色——bylayer、箭头——实心闭合、箭头大小——50、文字——"数字"样式, 文字高度——50, 从尺寸线偏移——20, 其他根据具体情况选择相应选项。卫生器具的直线尺寸的标注样式, 只需要在半径标注样式的基础上新建【直线标注样式】, 将箭头由实心闭合修改为建筑标记即可。

第 4 步: 标注尺寸。

半径标注——完成卫生器具水箱圆角的半径标注。

命令: _dimradius✓

选择圆弧或圆:单击卫生器具的中心圆

标注文字 = 100

指定尺寸线位置或 [多行文字(M)/文字(T)/角度(A)]:在合适的位置单击, 命令结束

依次标注卫生器具中其他圆和圆弧的半径标注

线性标注——标注卫生器具右侧尺寸 400。

> 命令：_dimlinear↙
> 指定第一个尺寸界线原点或 <选择对象>:单击点 A
> 指定第二条尺寸界线原点:单击点 B
> 指定尺寸线位置或[多行文字(M)/文字(T)/角度(A)/水平(H)/垂直(V)/旋转(R)]:在放置尺寸线处单击鼠标，命令结束

标注文字 =400，如图 5.S-2 所示。

连续标注——标注马桶右边尺寸，如图 5.S-3 所示。

> 命令：_dimcontinue↙
> 指定第二条尺寸界线原点或 [放弃(U)/选择(S)] <选择>:单击点 C
> 标注文字 = 420
> 指定第二条尺寸界线原点或 [放弃(U)/选择(S)] <选择>:单击点 D
> 标注文字 = 560
> 指定第二条尺寸界线原点或 [放弃(U)/选择(S)] <选择>:回车，结束命令

用同样的方法将卫生器具其他的直线标注完成。标注完成后将提示绘图步骤的点与辅助线删除，并选用移动命令将尺寸线移动，使得尺寸线要与卫生器具保持一定的距离，以达到良好的视觉效果。

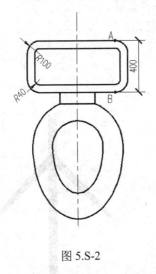

图 5.S-2

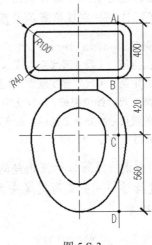

图 5.S-3

2. 绘制图 5.2 所示图形并进行相应的文字标注和尺寸标注

第 1 步：绘制飞机。

运用前面学过的多段线绘图命令绘制机身和一侧的机翼和机尾，应用镜像命令完成另一侧机翼、机尾的绘制。用多段线命令绘制直线时需要设置线宽，线宽设置要求：起点终点均为 500mm，或起点 500mm 终点 250mm。

第 2 步：设置文字样式和尺寸标注样式。

文字样式设置：

按照 5.1.1 介绍的文字标注样式的设置方法，进行文字样式的设置。主要参数的数

值按以下要求进行设置：文字样式名称——汉字、字体名——仿宋、高度——0、宽度因子——0.7。

尺寸标注样式设置：

按照5.2.1介绍的尺寸标注样式的设置方法，进行尺寸样式的设置。先进行直线标注的标注样式设置，主要参数的数值按以下要求进行设置：颜色——随层、超出尺寸线——200、箭头——建筑标记、箭头大小——300、文字——数字样式、文字高度——300、从尺寸线偏移——100、其他根据具体情况选择相应选项。角度标注样式在直线标注样式的基础上新建，将箭头由建筑标记修改为实心闭合即可。

第3步：文字标注。

> 命令：DT✓
> TEXT 当前文字样式："汉字" 文字高度：80.0000 注释性：否 对正：左
> 指定文字的起点 或 [对正(J)/样式(S)]：在"飞机"处单击
> 指定高度 <80.0000>：500✓
> 指定文字的旋转角度 <0>：0✓
> 输入文字：飞机✓
> 输入文字：✓（结束命令）

第4步：尺寸标注。

线性标注与上一个综合训练的标注方式相同，不再赘述。

对齐标注——完成机翼的长度标注，如图5.S-4所示。

> 命令：_dimaligned ✓
> 指定第一个尺寸界线原点或 <选择对象>：单击点A
> 指定第二条尺寸界线原点：单击点B
> 指定尺寸线位置或[多行文字(M)/文字(T)/角度
> (A)]：在放置尺寸线处单击鼠标，命令结束
> 标注文字 = 4800

用同样的方法可以标注机尾的尺寸。

角度标注——完成两机尾夹角的角度标注，如图5.S-4所示。

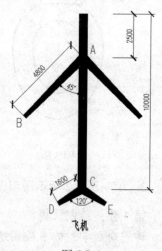

飞机

图5.S-4

> 命令：_dimangular✓
> 选择圆弧、圆、直线或 <指定顶点>：单击线段CD
> 选择第二条直线：（单击线段CE）
> 指定标注弧线位置或 [多行文字(M)/文字(T)/角
> 度(A)/象限点(Q)]：在放置尺寸线处单击鼠标，命令结束
> 标注文字 = 120

用同样的方法可以标注机翼与机身的夹角，最终完成对飞机尺寸的标注。

操 作 训 练

1. 按要求设置文字样式，并书写相应内容（训练图 5.1）

文字	建筑工程系，建筑构造与识图，建筑制图基础课程
数字	140100500112, 4-503, 173cm, 60kg, 13928153055
轴线号	1 2 3 4 5 6 7 8 A B C D E F G H

训练图 5.1

设置要求（1）

样式名：文字；

字体：仿宋；

字高：500mm（书写时设置）；

宽度比例：0.7；

书写内容：建筑工程系，建筑构造与识图，建筑制图基础课程。

设置要求（2）

样式名：数字；

字体：simplex；

字高：300mm（书写时设置）；

宽度比例：0.7；

书写内容：你的学号，你的宿舍号，你的身高、体重、手机号等数字信息。

设置要求（3）

样式名：轴线号；

字体：complex；

字高：800mm（书写时设置）；

宽度比例：1.0；

书写内容：数字 1~8，字母 A~H。

2. 绘制训练图 5.2～训练图 5.4 所示直线类图形，并选择合适的字高进行相应尺寸和文字标注

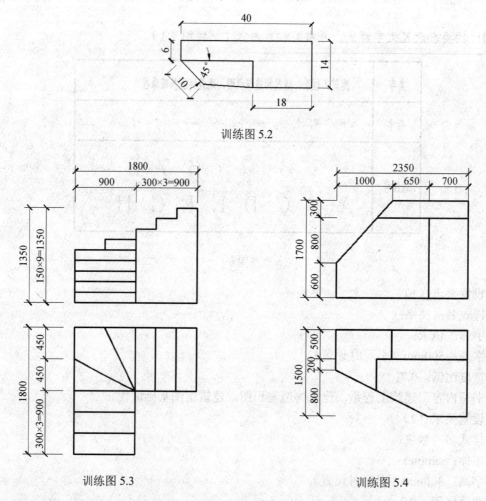

训练图 5.2

训练图 5.3

训练图 5.4

3. 绘制训练图 5.5～训练图 5.8 所示曲线类图形，并选择合适的字高进行相应尺寸和文字标注

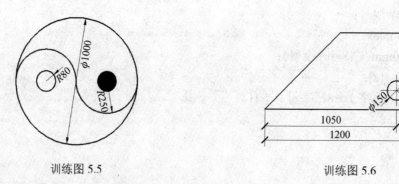

训练图 5.5

训练图 5.6

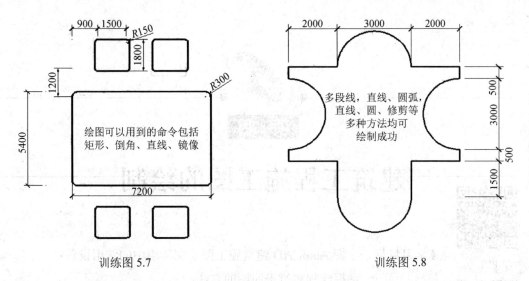

训练图 5.7

训练图 5.8

4. 绘制训练图 5.9 所示图形，分别采用线性标注、连续标注、快速标注、基线标注等标注方法进行标注，并比较哪种标注方法更快、更好

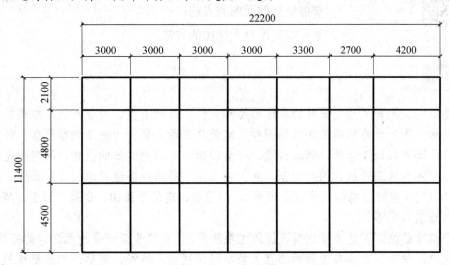

训练图 5.9

项目 6

建筑工程施工图的绘制

教学 PPT（1）

教学 PPT（2）

■**学习目标**　掌握 AutoCAD 建筑施工图绘图环境中的常用设置；

掌握绘制建筑平面图的方法；

掌握绘制立面图的方法；

掌握绘制剖面图的方法；

掌握绘制墙身大样图的方法。

项目任务

　　建筑施工图是表达建筑物的总体布局和定位、外部造型、内部布置、细部构造、内外装饰、固定设施和施工要求的图样。建筑施工图主要是为施工过程服务，作为施工放线、砌筑基础及墙身、铺设楼板、安装门窗、室内外装饰的依据，同时也是编制施工图预算和施工组织计划的依据。建筑施工图一般包括图纸目录、总平面图、建筑设计总说明（有时包括结构设计总说明）、门窗表、建筑平面图、建筑立面图、建筑剖面图和建筑详图等。

　　绘制建筑施工图是房屋建筑设计的主要阶段，是在初步设计或技术设计的基础上，综合建筑、结构、设备各工种的相互关系，经过核实、校对、调整，把满足建筑工程施工的各项具体要求反映在图纸中，并做到整套图纸统一、尺寸齐全、明确无误等。为此应根据正投影原理并遵守《房屋建筑制图统一标准》（GB/T 50001—2010）以及《建筑制图标准》（GB/T 50104—2010）等制图规范和标准进行绘制。这些制图标准对建筑施工图常用的符号画法及标注方法作了明确的规定。本项目选用一套钢筋混凝土框架结构办公楼作为实例，详细讲解运用 AutoCAD 绘制建筑施工图的方法。

建筑平面图的绘制顺
序和设置绘图环境
（视频）

任务 *6.1*　绘图环境设置

　　在开始绘制一套建筑施工图之前，首先应进行绘图环境的设置，即进行图形界限、图层，文字样式、标注样式的设定。

6.1.1　设置图形界限（limits）

　　观察附录一所有图纸，本例采用施工图的绘图比例大多为 1∶100，但在进行 AutoCAD 绘图时，为提高绘图速度和准确性，通常采用实际尺寸绘图，即为 1∶1 绘图。对于初学者，图形界限的设定既要保证所有图形均在界限中，同时也不要尺寸太大影响观察。因此图形界限的尺寸设定是所画图形的最长和最宽尺寸的 2～3 倍即可。在绘制建筑施工图时，通常先绘制一层平面图，本工程一层平面最大尺寸是长 36400mm、宽 11950mm，可将一层平面图的图形界限设置为 120000mm×60000mm。

1. 启动方式

　　1）下拉菜单：单击【格式】下拉菜单按钮选择【图形界限命令】。

　　2）命令行：limits ✓。

2. 操作过程

```
命令：limits ✓
重新设置模型空间界限：
指定左下角点或 [开(ON)/关(OFF)] <0.0000,0.0000>:✓
指定右上角点 <12.0000,9.0000>: 120000,60000 ✓
命令：z✓
ZOOM
指定窗口的角点，输入比例因子 (nX 或 nXP)，或者[全部(A)/中心(C)/动态(D)/范围(E)/
上一个(P)/比例(S)/窗口(W)/对象(O)] <实时>：a✓
```

　　这样就设定了图形界限 120000mm×60000mm，并将图形界限充满屏幕显示。

6.1.2　设置绘图单位

　　打开【图形单位】对话框，在【长度】组合框中的【类型】下拉列表中选择"小数"，在【精度】下拉列表中选择"0"，其他设置保持系统默认参数，如图 6.1 所示。

图 6.1

绘图比例和
图层设置
（视频）

6.1.3　设置图层

　　在图层设置时，应对图层的名称、颜色、线宽、

线型等进行设定。一般来说，图层的颜色及线型可以自由定义，但是建筑图纸中有一些通用的图层，在《房屋建筑制图统一标准》（GB/T 50001—2010）中做了明确的规定，为了使读者绘制的图纸方便其他技术人员阅读修改，并与其他绘图软件更好兼容使用，在绘图时应尽量采用这些通用的颜色和线型设置。在对线宽进行设置时，有两种方法，第一种是不设定线宽，在图纸打印时根据图层的颜色进行线宽设定即可；第二种为直接设定线宽，在绘图时便于观察。本书为便于读者识别，采用后一种方法。建筑施工图主要包括以下图层，见表 6.1 和图 6.2 所示。

线型比例的调试
（视频）

表 6.1　建筑施工图常用图层

图层名称	代表建筑构件	参考颜色	线型	备注
轴线	轴线	红色	CENTER 或 CENTER2	建筑施工图中的轴线
墙线	墙	黄色	Continue	各种材质墙体
柱子	柱子	黄色	Continue	各种材质柱
门窗	门窗	青色	Continue	
楼梯	楼梯	绿色	Continue	
文字	文字	白色	Continue	标注的数字及注写的汉字
标注	标注	绿色	Continue	标注的尺寸线及文字
楼地面	地面	白色	Continue	地面或散水
梁板	梁板	黄色	Continue	梁板边线
辅助线		白色	Continue	绘图时，临时绘制的辅助线

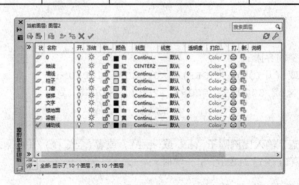

图 6.2

■ 小贴士

1）表 6.1 中的图层名称及颜色线型等仅供参考，绘图者可自行设定

2）由于墙线在打印时有可能线宽与其他图层的线宽不同，尽可能将墙线层颜色与其他图层颜色区别开来。通常可将墙线层的线宽设为 0.5mm。

6.1.4　设置文字样式

在【文字样式】对话框中，需设置一些文字样式，以方便注写文字，具体见表 6.2 和

图 6.3 所示。

表 6.2   常用文字样式设置

文字样式名称	字体名	高度	宽度因子	倾斜角度	效果	是否使用大字体	备注
轴线编号	Complex	0	1	0	无特殊效果	否	用于轴线号的注写
数字	Simplex	0	0.7	0	无特殊效果	否	用于所有数字的注写
汉字	Tt 仿宋	0	0.7	0	无特殊效果	否	用于所有汉字的注写
DIM	Simplex.shx，gbcbig.shx	0	1	0	无特殊效果	是	用于所有数字和汉字的注写
黑体	黑体	0	1	0	无特殊效果	否	用于图名注写

以上五种文字样式在施工图绘制中均有采用，目前较为常用的是 DIM 和轴线编号 AXIS。

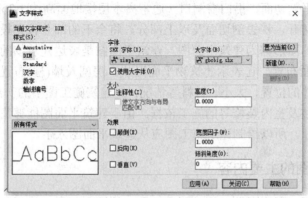

图 6.3

6.1.5   对象捕捉方式

在对象捕捉方式的设定中，只需选择端点、交点即可。其他各特征点可进行临时捕捉，如图 6.4 所示。

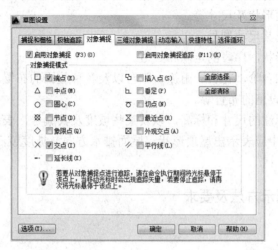

图 6.4

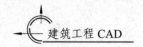

6.1.6 存盘

设置好绘图环境后，单击【文件】菜单选择保存，进行存盘，也可以存成样板文件。

任务 *6.2* 建筑平面图的绘制

6.2.1 建筑平面图的形成

假想用一个水平剖切面，沿门窗洞口（通常离本层楼地面高约 1.2m，在上行的第一个梯段内）将房屋剖切开，移去剖切面及以上部分，将余下的部分按正投影的原理，投射在水平投影面上得到的图形称为建筑平面图。建筑平面图是表达建筑物的基本图样之一，它反映了建筑物的平面布置。它表示建筑物平面形状、房间及墙(柱)布置、门窗类型位置、以及其他建筑构配件的位置、大小、材料等情况；是建筑施工图中的一部分；是施工放线、墙体砌筑、门窗安装及室内装修等的施工依据。由于建筑平面图能够集中地反映建筑使用功能及空间布局尺寸，所以绘制建筑施工图应从建筑平面图入手。

6.2.2 建筑平面图的主要内容

建筑平面图包括一层平面图、标准层平面图、屋顶平面图、地下室平面图等，建筑平面图中通常包含以下内容：

1）层次、图名、比例。

2）建筑物的某一层的平面形状，包括房间的形状、用途以及建筑物的总长和总宽。

3）纵横定位轴线及其编号。

4）建筑物内部各房间的尺寸、大小及相互关系，楼梯(电梯)和出入口的位置。

5）墙、柱的断面形状及尺寸等。

6）门、窗布置及其尺寸型号。

7）楼梯梯级的形状，梯段的走向和级数。

8）其他构件，如台阶、花台、雨篷、阳台以及各种装饰的布置、形状和尺寸；厕所、盥洗间、厨房等固定设施的布置等。

9）平面图中应标注的尺寸和标高，以及某些坡度及其编号，表示房屋朝向的指北针。

10）屋顶平面图中应表示出屋顶形状、屋面排水方向、坡度或泛水以及其他构配件的位置。

6.2.3 平面图的图示方法及要求

1. 比例

绘制平面图的比例，应根据房屋的大小和复杂程度选用。平面图的比例常采用 1∶100

或 1∶200。

2．图例

由于建筑平面图的绘图比例较小，图样中许多建筑构、配件(如门、窗、孔道等)均不按实际投影绘制，而按规定的图例表示。

3．图线线宽

被剖切到的主要建筑构件，如承重墙、柱等断面轮廓线用粗实线绘制，线宽为 b；被剖切到的次要建筑构造以及没有剖到但可见的配件轮廓线，如台阶、窗台、阳台和散水等用中粗实线绘制，线宽为 $0.5b$；尺寸线、尺寸界线和引出线等用细实线绘制线宽为 $0.25b$；剖切位置线及剖视方向线均用粗实线绘制，宽度为 b，本实例的线宽 b 选定为 0.5mm。

4．平面尺寸标注

在建筑平面图中，所有外墙一般应标注三道尺寸，最内侧一道是细部尺寸，表示外墙门窗洞口、洞间墙等尺寸；中间一道标注表示轴线尺寸，即房间的开间与进深尺寸、柱距等；最外面一道尺寸表示建筑物的总长、总宽，即从一端的外墙皮到另一端的外墙皮的尺寸。此外，还须标注出某些局部尺寸(通常用一道尺寸线表示)。

5．标高

在平面图中，一般应标明楼地面、台阶顶面、阳台顶面、楼梯休息平台以及室内外地面标高。

6．符号及指北针

底层平面图中应标注建筑剖面图的剖切位置和投影方向，并标注出编号。套用标准图集或另有详图表示的构配件、节点，均需标注出详图索引符号。底层平面图一般在图样右上角画出指北针符号，以表明房屋的朝向。

指北针的绘制
（视频）

6.2.4　底层平面图的绘制过程

本实例（附录一）为五层框架结构办公楼，平面图包括一层、二～四层、五层平面图。绘图可从一层平面图开始，其余各层平面图在一层平面图的基础上复制修改即可，因此本项目主要讲述一层平面图的绘制。

轴网的绘制
（视频）

1．绘制定位轴线

打开上一节设置好的图形文件，用显示缩放命令显示整个图形界限，打开捕捉，采用正交方式，将轴线图层设置为当前层。用直线命令绘制长为 35950mm 和 11500mm 的水平线及垂直线，即④轴和①轴，如图 6.5 所示。按照图中轴线尺寸分别偏移复制 A 轴和 1 轴，并运用修剪命令，得到图 6.6 所示的轴线图。

▌小贴士▐

绘制轴线时，有时并不能显示出点划线，此时首先确认轴线的线型是点划线，其次应在【格式】下拉菜单中单击【线型】命令，将全局比例因子调整到合适的数值，全局比例因子可以设为 100，当前比例因子为 1.000。

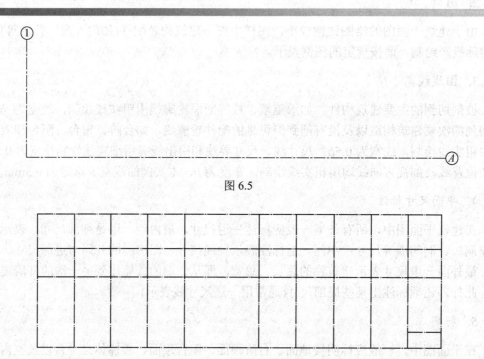

图 6.5

图 6.6

2. 绘制柱网

柱子的绘制
（视频）

（1）柱子的绘制及填充

在比例为 1∶100 的平面图中，柱子不必绘制出图例，直接涂黑即可。本工程（附录一）的柱子截面大部分尺寸为 500mm×500mm，楼梯间处柱子尺寸 400mm×400mm，绘制方法如下：

1）在图层下拉列表中选择柱图层作为当前层，利用矩形命令绘制 500mm×500mm 的矩形，如图 6.7（a）所示。

2）利用图案填充中的 Solid 进行填充，如图 6.7（c）所示。

3）亦可直接在命令行中输入 Solid，对柱子进行填充，如图 6.7（b）所示。过程如下：在命令行中输入"solid"或"so"并回车，执行命令后，系统提示：

命令：so✓
SOLID 指定第一点：单击 1 点
指定第二点：单击 4 点
指定第三点：单击 2 点
指定第四点或〈退出〉：单击 3 点

（a）　　　　　　　　（b）

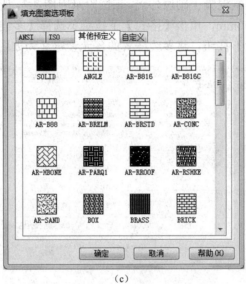

（c）

图 6.7

（2）柱子复制

利用复制的方法将柱子复制到各个定位点，在复制时注意只有中柱的中心与轴线交点重合，边柱的中心有可能与轴线交点不重合。绘制时应选好复制基点，柱网绘制结果如图 6.8 所示。

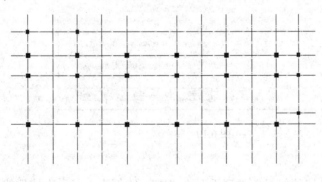

图 6.8

墙线的绘制
（视频）

3．绘制墙体线

绘制墙体线的方法主要有两种，一是运用多线进行绘制；另一种是利用偏移命令绘制。

（1）多线绘制墙体线

将墙线层设置为当前层，经过观察，本工程（附录一）的墙体主要为 200mm 厚加气混

凝土砌块墙，多线绘制墙体首先应进行多线样式的设定，然后运用当前多线样式绘制墙体。

第 1 步：多线样式设置。

1）设置 200mm 厚加气混凝土砌块内墙，识读附录一建施 01，所有内墙的轴线均居中，单击【格式】下拉菜单选择【多线样式】，输入样式名称为"200 厚内墙"，单击【继续】按钮，将多线样式的各元素定义成如图 6.9 所示的内容。

2）设置 200mm 厚加气混凝土砌块外墙，识读附录附图 2-1，所有外墙均位于轴线外侧，且外墙内边线均距轴线 50mm，单击【格式】下拉菜单选择【多线样式】，输入样式名称为"200 外墙"，单击【继续】按钮，将多线样式的各元素定义为如图 6.10 所示的内容。

图 6.9

图 6.10

第 2 步：绘制墙体线。

在进行墙体绘制时，外墙体线对正类型设置为"Z"、比例为 1.00。内墙体线对正类型设置为"无"、比例为 1.00。

1）绘制图 6.11 所示内墙。将"200 内墙"样式置于当前，将墙体图层置于当前层，单击绘图下拉菜单【多线】命令，或命令行中输入"mL"，绘制过程如下：

```
命令：_mline↙
当前设置：对正 = 上，比例 = 1.00，样式 = 200 内墙
```

指定起点或 [对正(J)/比例(S)/样式(ST)]: J↙

输入对正类型 [上(T)/无(Z)/下(B)] <上>: Z↙

当前设置: 对正 = 无, 比例 = 1.00, 样式 = 200 内墙

指定起点或 [对正(J)/比例(S)/样式(ST)]: 用鼠标左键点取"1"点

指定下一点: 用鼠标左键点取"2"点

指定下一点或 [放弃(U)]: 按键盘上的"Esc"键退出命令

命令: _mline↙

当前设置: 对正 = 无, 比例 = 1.00, 样式 = 200 内墙

指定起点或 [对正(J)/比例(S)/样式(ST)]: 用鼠标左键点取"3"点

指定下一点: 用鼠标左键点取"4"点

指定下一点或 [放弃(U)]: 按键盘上的"Esc"键退出命令

重复上述命令, 则可绘出全部 200mm 墙体, 如图 6.11 所示。

2) 绘制图 6.12 中的 200mm 厚外墙。将"200 外墙"样式置于当前, 将墙体图层置于当前层, 单击绘图下拉菜单【多线】命令, 或命令行中输入"ml", 绘制过程如下:

命令: _mline↙

当前设置: 对正 = 上, 比例 = 1.00, 样式 = 200 内墙

指定起点或 [对正(J)/比例(S)/样式(ST)]: J↙

输入对正类型 [上(T)/无(Z)/下(B)] <上>: Z↙

当前设置: 对正 = 无, 比例 = 1.00, 样式 = 200 外墙

指定起点或 [对正(J)/比例(S)/样式(ST)]: 用鼠标左键点取"1"点

指定下一点: 用鼠标左键点取"2"点

指定下一点或 [放弃(U)]: 用鼠标左键点取"4"点

指定下一点或 [闭合(C)/放弃(U)]: 用鼠标左键点取"3"点

指定下一点或 [闭合(C)/放弃(U)]: 用鼠标左键点取"1"点

指定下一点或 [闭合(C)/放弃(U)]: 按键盘上的"Esc"键退出命令

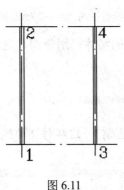

图 6.11

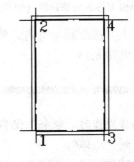

图 6.12

按照以上方法, 依据轴线图绘制全部内、外墙体。用多线编辑命令编辑 T 形接头、角点结合、十字接头的部分。最终绘制成图 6.13 所示的平面图。

■ 小贴士

绘制连续 200mm 厚外墙时, 应注意绘图顺序, 应从左下角按顺时针的顺序进行绘制,

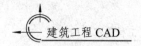

此时，200mm 厚度墙体将始终位于轴线外侧。

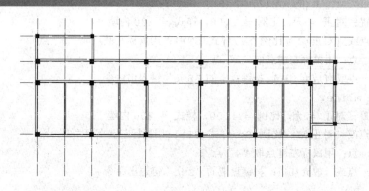

图 6.13

（2）运用偏移的方法绘制墙体线

以绘制 200 内墙体为例，将"墙线"图层置于当前层，绘制过程如下：

命令：_offset↙
当前设置：删除源=否　图层=当前　OFFSETGAPTYPE=0
指定偏移距离或［通过(T)/删除(E)/图层(L)］<60>:L↙
输入偏移对象的图层选项［当前(C)/源(S)］<当前>:C↙
指定偏移距离或［通过(T)/删除(E)/图层(L)］<60>: 100↙
选择要偏移的对象，或［退出(E)/放弃(U)］<退出>:左键点取轴线上任一点
指定要偏移的那一侧上的点，或［退出(E)/多个(M)/放弃(U)］<退出>:左键点取轴线某一侧任一点
选择要偏移的对象，或［退出(E)/放弃(U)］<退出>:点取轴线上任一点
指定要偏移的那一侧上的点，或［退出(E)/多个(M)/放弃(U)］<退出>:左键点取轴线另一侧任一点
选择要偏移的对象，或［退出(E)/放弃(U)］<退出>:按键盘上的"Esc"键退出命令

按照以上方法绘制所有内、外墙体，对以上方法绘出的墙体运用修剪、延伸等编辑方法，即可得到图 6.13。

▌小贴士 ▌

进行偏移操作时，命令中偏移对象图层选项一定为"当前"，这样将"轴线"进行偏移即可直接得到"墙体"。

4. 绘制门窗

（1）绘制门窗洞口

第 1 步：将墙线层置于当前层，按附录一建施 01 的尺寸偏移轴线，注意在偏移时，将偏移对象的图层选项设为当前图层，轴线偏移过来即可更改为墙体线图层，如图 6.14 所示。

第 2 步：进行修剪，通过修剪操作，则可得到图 6.15 所示的窗洞。其余

门窗的绘制
（视频）

窗、门洞口按此法绘制。图 6.16 所示为全部门窗洞。

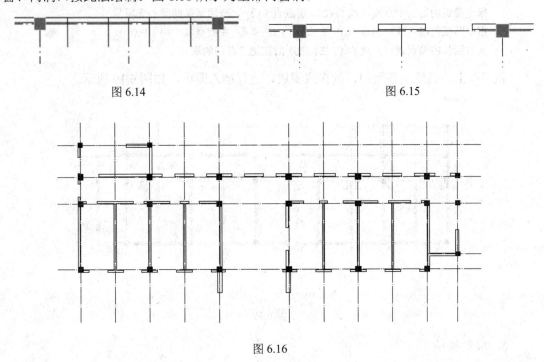

图 6.14   图 6.15

图 6.16

（2）窗线的绘制

将门窗线层置为当前层，用直线命令和偏移命令绘制窗的 4 条线。亦可运用多线命令绘制 4 条窗线。对于窗立樘在墙中的窗，四条线的距离可以均等，如图 6.17 所示。运用复制命令将窗线复制到各尺寸相同的窗洞，如果相同的门窗数量多，可将该窗做成图块，进行插入。

图 6.17

（3）门的绘制

观察图 6.18，门主要由门扇及开启线组成。绘制时先画门扇再绘制开启线。

第 1 步：绘制门扇。

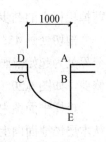

命令：_line ↙
指定第一点：左键选取 AB 的中点
指定下一点或 [放弃(U)]:1000↙
指定下一点或 [放弃(U)]:按键盘上的"Esc"键退出命令

图 6.18

第 2 步：绘制门开启线。

运用画弧命令，选择"起点、圆心、端点"的画弧方式。

命令：_arc 指定圆弧的起点或 [圆心(C)]:左键点取 CD 的中点

指定圆弧的第二个点或 [圆心(C)/端点(E)]:c✓选用圆弧的圆心选项

指定圆弧的端点或 [角度(A)/弦长(L)]:的圆心:左键点取 AB 的中点

指定圆弧的端点或 [角度(A)/弦长(L)]:左键选取门的端点 E

按照以上步骤绘出各类门，制作成图块，进行插入即可，如图 6.19 所示。

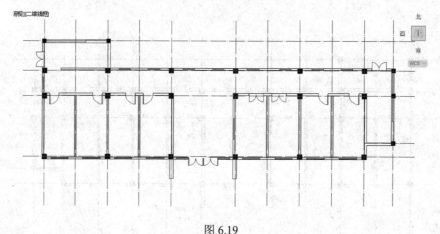

图 6.19

5. 绘制楼梯

楼梯的绘制

（视频）

楼梯通常由楼梯段、平台、栏杆（栏板）及扶手组成，建筑平面图中楼梯间主要表明梯段的长度和宽度、上行或下行的方向、踏步数和踏面宽度、楼梯休息平台的宽度、栏杆扶手的位置以及其他一些平面形状。在绘制楼梯之前，应确定以上尺寸，同时将楼梯层置为当前层。

1）首先识读平面与剖面图，确定楼梯平台的宽度、梯段的长度和宽度的尺寸，以及踏步的尺寸。

2）画踏步，根据上述尺寸确定第一个踏步的位置，并用画直线命令绘出第一个踏步线，本工程在距ⓒ轴 2550mm 处绘制长 1200mm 的垂直线段。调用偏移命令，偏移距离 280mm，画出 12 条踏步线，如图 6.20（a）所示。

3）画栏杆、剖切线和箭头等。连接踏步线，偏移 *AB*，距离 60mm，并封闭两端，修剪掉栏杆内的踏步线，形成栏杆和扶手，如图 6.20（b）所示。

剖切处画 45° 折断符号，首层楼梯平面图中的 45° 折断符号应以楼梯平台板与梯段的分界处为起始点画出，使第一梯段的长度保持完整，将剖断线右面剖断的踏步及栏杆进行修剪，如图 6.20（b）所示。

楼梯平面图中，梯段的上行或下行方向是以各层楼地面为基准标注的。所标注楼梯段从本层楼地面向上者称为上行，向下者称为下行，并用长线箭头和文字在该梯段上注明上行、下行的方向，如图 6.20（c）所示。

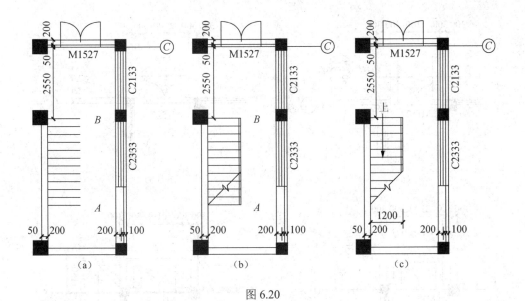

图 6.20

4）箭头画法。如图 6.21 所示，运用多段线命令绘制箭头的方法：

命令: _pline↙
指定起点:在屏幕上合适位置单击
当前线宽为 0.0000
指定下一个点或 [圆弧(A)/半宽(H)/长度(L)/放弃(U)/宽度(W)]:1000↙
pline 指定下一点或 [圆弧(A)/闭合(C)/半宽(H)/长度(L)/放弃(U)/宽度(W)]:W↙
指定起点宽度 <0.0000>:80↙
指定端点宽度 <80.0000>:0↙
指定下一点或 [圆弧(A)/闭合(C)/半宽(H)/长度(L)/放弃(U)/宽度(W)]:300↙
指定下一点或 [圆弧(A)/闭合(C)/半宽(H)/长度(L)/放弃(U)/宽度(W)]:单击鼠标右键,在
弹出的快捷键菜单中选择"确认"

图 6.21

6. 绘制散水和台阶

（1）绘制图 6.22（d）所示的台阶

1）将台阶散水层置为当前层。

2）用偏移命令将Ⓒ轴外墙边线向外偏移 1150mm，在门洞口边绘制辅助线，向外偏移辅助线 300mm，如图 6.22（a）所示。

台阶的绘制（视频）

3）用圆角命令将垂直的台阶线相连，圆角半径设为 0，如图 6.22（b）所示。

4）将第一步台阶向外连续两次偏移 300mm，如图 6.22（c）所示。

5）利用圆角命令，圆角半径设为 0，将偏移的台阶线相交，如图 6.22（d）所示。

（2）绘制一层平面图所示的散水

1）绘制散水，用偏移命令将外墙边线向外偏移 900mm，并将其改变为散水图层。

2）用圆角命令将垂直相交的散水线相连，圆角半径设为 0。

3）将所有外墙转角部分用 45°斜线绘制散水交接线。如图 6.22（d）所示部分散水。

散水的绘制（视频）

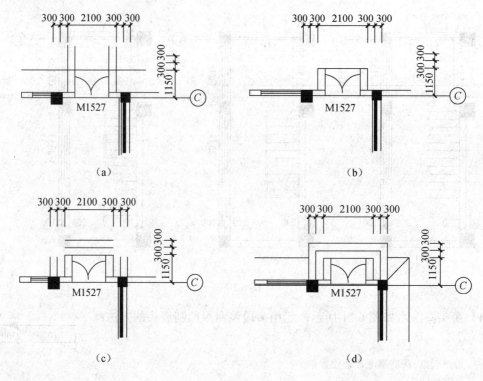

图 6.22

7. 标注尺寸

在平面图中，一般标注三道尺寸，最外面的一道尺寸为建筑物的总长和总宽，表示外轮廓的总尺寸，又称外包尺寸；中间的一道尺寸为房间的开间和进深尺寸，表示轴线间的距离，称为轴线尺寸；里面的一道尺寸为门窗洞口、墙厚的尺寸，表示各细部的位置及大小，称为细部尺寸。对于底层平面图，还应标注室外台阶、花池、散水等局部尺寸。此外，在平面图内还需注明局部的内部尺寸，以表示内门、内窗、内墙厚及内部设备等尺寸。

平面图中应标明各层楼地面的建筑标高，首层主要地面标高定为±0.000，所有楼地面标高均为相对标高，室外地坪的标高可标注相对标高或绝对标高。

（1）创建标注样式

标注样式是标注设置的命名集合，设置时应严格按照《房屋建筑制图统一标准》（GB/T 5001—2010）以及《建筑制图标准》（GB/T 50104—2010）进行。由于平面、立面、剖面均为 1∶100 比例出图，因此应将标注中的超出尺寸线长度、箭头大小、文字大小等要素在制图标准规定的基础上扩大 100 倍。

1）创建新的标注样式名。单击下拉菜单【格式】选择【标注样式】命令，执行命令后，弹出【标注样式管理器】对话框，单击【新建】按钮，设置样式名为 DIM100 的标注样式，如图 6.23 所示。

2）设置尺寸线。将尺寸线和尺寸界线的颜色、线型、

图 6.23

线宽均设为 Bylayer，尺寸界线应按照制图标准要求，宜超出尺寸线 2～3mm，本例中应为 200～300mm，故输入 250mm，起点偏移量设为"0"，如图 6.24 所示。

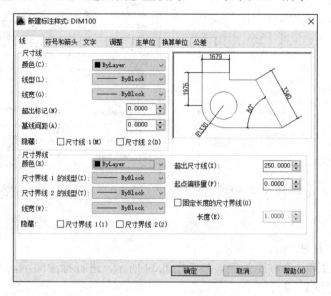

图 6.24

3）设置箭头。箭头选用"建筑标记"，箭头大小为 200mm，如图 6.25 所示。

4）设置文字外观。文字样式选用"DIM"，文字的颜色选择"Bylayer"，文字高度为 300mm。在【文字位置】选项中，垂直选"上"，水平选择"居中"，【从尺寸线偏移】设置为 100mm，在【文字对齐】选项，选择"与尺寸线对齐"，如图 6.26 所示。

图 6.25

图 6.26

5）设置【调整】选项，按系统默认设置，如图 6.27 所示。

6）设置【主单位】，如图 6.28 所示。

7）完成创建，在【主单位】选项卡的下部单击【确定】，即返回到【标注样式】管理器中，单击【关闭】，即完成创建。

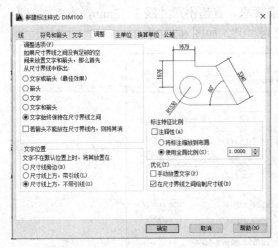

图 6.27

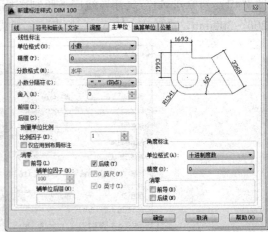

图 6.28

（2）进行尺寸标注

以④轴最左边第一个柱距为例，参考图 6.29 所示，进行标注演示，为方便讲解，将所有捕捉点进行编号（1～7）。

将标注图层置于当前层，"DIM100" 标注样式置于当前样式，捕捉方式仅保留端点和交点，为方便捕捉，将台阶散水图层关闭。

运用线性标注和连续标注进行尺寸标注。注意不要遗漏，每两道尺寸线间隔为 700～1000mm。

■ 小贴士

根据制图规范，图样轮廓线以外的尺寸界线，距图样最外轮廓之间的距离，不宜小于 10mm。平行排列的尺寸线的间距，宜为 7～10mm，并应保持一致。

进行尺寸标注方法如下：

第 1 步：标注细部尺寸线，如图 6.29 所示。

线性标注和连续标注

（视频）

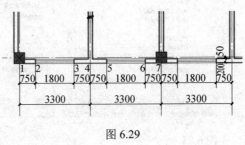

图 6.29

1）单击下拉菜单【标注】选择【线性标注】。

命令：_dimlinear✓
指定第一条尺寸界线原点或 <选择对象>：单击 "1" 点
指定第二条尺寸界线原点：单击 "2" 点
指定尺寸线位置或[多行文字(M)/文字(T)/角度(A)/水平(H)/垂直(V)/旋转(R)]：1000

(尺寸线位置)
　　　标注文字=750

小贴士

标出第一个尺寸 750mm 后，其他同一位置的水平标注可采用连续标注。

2）单击下拉菜单【标注】选择【连续标注】。

```
命令：_dimcontinue ↙
指定第二条尺寸界线原点或 [放弃(U)/选择(S)] <选择>：单击"3"点
标注文字 = 1800
指定第二条尺寸界线原点或 [放弃(U)/选择(S)] <选择>：单击"4"点
标注文字 = 750
指定第二条尺寸界线原点或 [放弃(U)/选择(S)] <选择>：单击"5"点
标注文字 = 750
指定第二条尺寸界线原点或 [放弃(U)/选择(S)] <选择>：单击"6"点
标注文字 = 1800
指定第二条尺寸界线原点或 [放弃(U)/选择(S)] <选择>：单击"7"点
标注文字 = 750
指定第二条尺寸界线原点或 [放弃(U)/选择(S)] <选择>：单击，在弹出的快捷键菜单中选择
```
【确认】

以此类推，进行全部细部尺寸的标注。

第 2 步：标注轴线间距离。

```
命令：_dimlinear↙
指定第一条尺寸界线原点或 <选择对象>：单击 1 点
指定第二条尺寸界线原点：单击 4 点
指定尺寸线位置或[多行文字(M)/文字(T)/角度(A)/水平(H)/垂直(V)/旋转(R)]：2000↙
标注文字 = 3300
```

第 3 步：将标注移至相应位置。

在建筑轮廓位置绘制辅助线，第一道尺寸线辅助线距外轮廓辅助线 2000mm（根据规范要求，大于 1000 即可），标注完毕后，将所有尺寸线整体移动到辅助线位置，如图 6.30 所示。

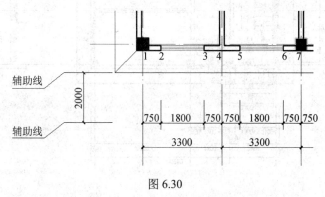

图 6.30

第 4 步：标注外轮廓尺寸以及内部尺寸，完成全部标注，如图 6.31 所示。

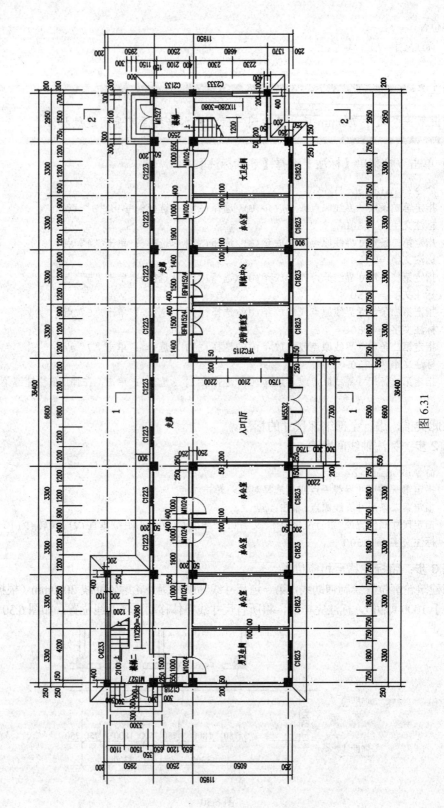

图 6.31

8. 绘制定位轴线圆及注写定位轴线编号

（1）定义轴线圆属性块

第 1 步：绘制定位轴线圆。

制图规范中定位轴线圆直径为 8mm，对于 1：100 的平面图，定位轴线圆直径确定为 800mm，绘出图 6.32 的①轴的轴线圆以及轴线号。

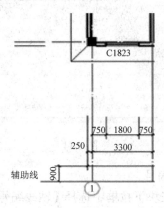

图 6.32

第 2 步：定义轴线圆属性块。

单击下拉菜单【绘图】→块中的【定义属性】按钮进行相应设定，如图 6.33 所示。

第 3 步：创建属性块。

将 0 层设置为当前层，执行 block 命令，创建属性块，选择合适的基点，对于横向定位轴线的下部轴线圆，应选择轴线圆的上部象限点；横向定位轴线的上部轴线圆，应选择轴线圆的下部象限点。同理，确定纵向定位轴线的属性块插入点，如图 6.34 所示。

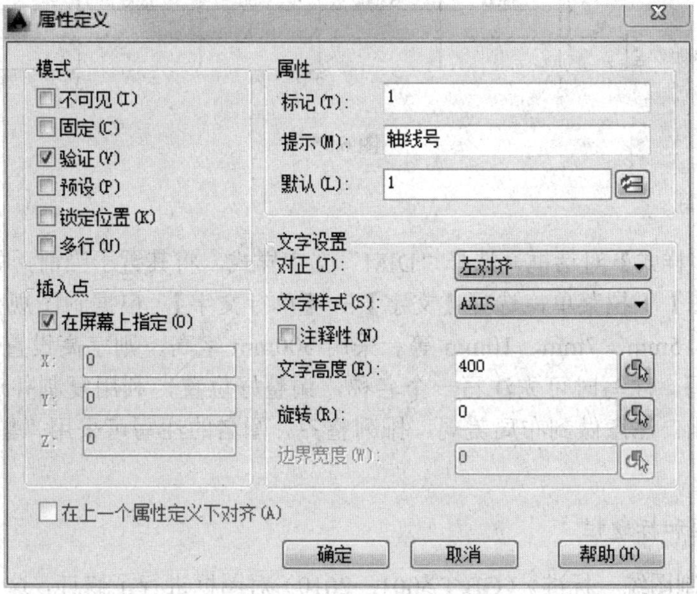

图 6.33

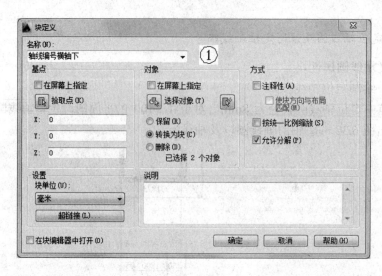

图 6.34

（2）在平面图中标注轴线编号

单击【插入】下拉菜单，在块下拉框中选择【轴线编号横轴下】，插入轴线与辅助线交点的位置，并输入相应数字。依次绘制所有轴线圆及编号，如图 6.35 所示。

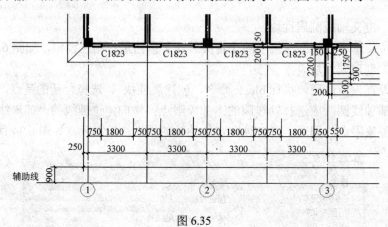

图 6.35

9. 文字注写

打开【文字样式】对话框，选择"DIM"文字样式，将其置于当前，如图 6.36 所示。

单击【绘图】下拉菜单，选择【文字】→【单行文字】，根据制图规范，汉字高度的字高有 3.5mm、5mm、7mm、10mm 等。采用 500mm 字高，则字高设置为 500，进行房间名称等的注写。注写时可先注写一个名称，调整好位置，利用复制并进行编辑修改，将其他文字写出。注意做到布局美观，排列整齐。图名的注写可采用"黑体"文字样式，字高 700mm。

10. 加图框和标题栏

《房屋建筑制图统一标准》（GB/T 5001—2010）对图框进行了修订，这里以二号图图框示例，主要采用直线命令或矩形命令绘制图框。运用拉伸、偏移和多段线编辑进行修改。

图框线的线宽为 100，标题栏边线线宽为 70，标题栏分格线为 35。用直线、偏移和修剪命令标题栏，如图 6.37 所示。

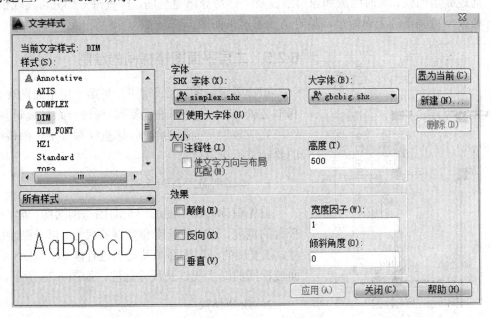

图 6.36

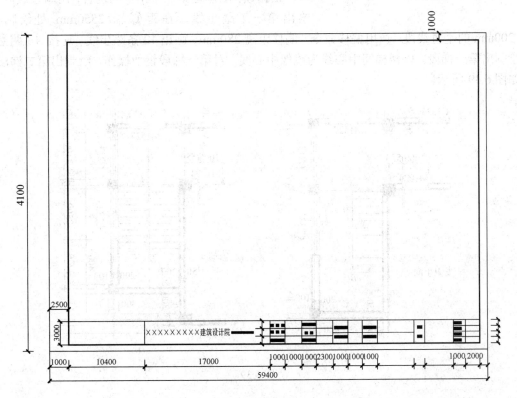

图 6.37

11. 检查全图

通过显示缩放、实时缩放和窗口缩放及平移命令浏览全图，检查每一部分，发现错误，进行修改，直到正确无误为止。见附录一首层平面图。

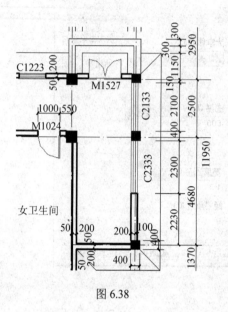

图 6.38

6.2.5 二层平面图楼梯间的绘制

识读附录一的二层平面图，与第一层平面图有许多相似之处，将一层平面进行复制，通过一系列编辑修改，即可完成该层平面图的绘制。这里仅对二层平面楼梯间的绘制进行讲解。

1. 楼梯平面图与剖面图的识读

首先识读楼梯一的二层平面图与剖面图，确定楼梯平台的宽度、梯段的长度和宽度的尺寸，以及踏步的尺寸。在复制的一层平面图基础上进行绘制，删除一层平面楼梯间的踏步线以及尺寸标注，如图 6.38 所示。

2. 绘制梯段

根据读图，确定第一个踏步的位置，用画直线命令绘出第一个踏步线，在距 Ⓒ 轴 2550mm 处绘制长 1200mm 的垂直线段。调用偏移命令，偏移距离 280mm，画出 12 条踏步线。连接 AB 两点，绘制出第一梯段。以楼梯间中心线为镜像中心线，对第一梯段镜像操作，绘制出第二梯段，如图 6.39 所示。

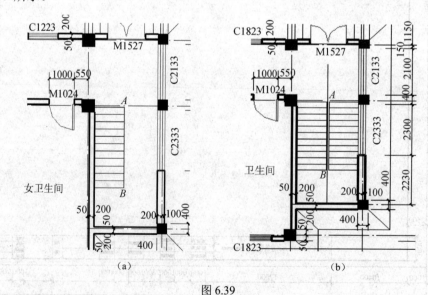

（a）　　　　　　　　　　　（b）

图 6.39

3. 画栏杆、剖切线和箭头等

在两个梯段内分别偏移 AB，距离 60mm，绘出两条平行线，并封闭两端，修剪掉栏杆内的踏步线，形成栏杆和扶手，如图 6.40（a）所示。剖切处画 45°折断符号，将剖断线右面剖断的踏步及栏杆进行修剪，绘制楼梯上下行线，如图 6.40（b）所示。

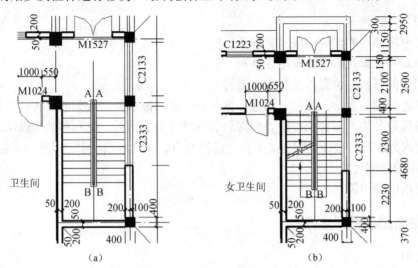

图 6.40

4. 标注楼梯间尺寸，删除辅助线

标注完楼梯间尺寸及删除辅助线后，如图 6.41 所示。

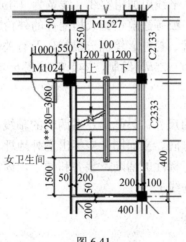

图 6.41

任务 *6.3*　建筑立面图的绘制

建筑立面图是表示建筑物的外部造型、立面装修及其做法的图样。建筑立面图在施工过程中是外墙面装饰施工以及工程概预算、备料等的依据。

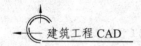

6.3.1　立面图的图示内容

1）图名、比例。

2）立面图两端的定位轴线及其编号。

3）建筑物外部轮廓形状及屋顶外形。

4）门窗的形状、位置以及开启方向符号。

5）各种墙面、台阶、花台、雨篷、窗台、阳台、雨水管、线脚的位置、形状等。

6）建筑物外墙、阳台、雨篷、勒脚和引条线等面层用料、色彩和装修做法。

7）室内外地坪、楼面、阳台、平台、门窗洞口、女儿墙顶、水箱及檐口、屋顶的标高及必须标注的局部尺寸；

8）详图的索引符号。

6.3.2　立面图的图示要求

1. 比例

建筑立面图的比例，通常采用与建筑平面图相同的比例和图幅。

2. 图线

为了使立面图外形清晰，立面图上的屋脊线、外墙外边线等房屋主要外轮廓线用粗实线（线宽为 b）绘制；室外地平线用加粗实线（线宽为 $1.4b$）绘制；门窗洞口、窗台、窗套、檐口、雨篷、台阶和遮阳板等建筑设施或构配件的外轮廓线用中实线（线宽为 $0.5b$）绘制；门窗扇、勒脚、雨水管、栏杆、墙面分隔线，及有关说明引出线、尺寸线、尺寸界线和标高均用细实线（线宽为 $0.25b$）绘制，本节的线宽 b 选定为 0.5mm。

3. 尺寸及标高标注

立面图不标注水平方向的尺寸，只画出左右两端的轴线，以便与平面图对照，并根据其编号及相对位置判断观察方向。立面图上应标出室外地坪、室内地面、勒脚、窗台、门窗顶和檐口等处的标高，为了标注的清晰、整齐和便于识读，常将各层相同构造的标高注写在一起，排列在同一条铅垂线上。

6.3.3　立面图的绘制步骤

立面图的绘制一般做法是在绘制好平面图的基础上，对应平面图来绘制立面图，立面图的绘制步骤如下。

1）绘制首层地面地坪线、定位轴线、各层层高线等定位线。

2）绘制建筑室外地坪线、外墙轮廓线。

3）绘制阳台、楼梯间，墙身及暴露在外墙外面的柱子等可见的轮廓线。

4）画出门窗、雨水管、外墙分割线、台阶、雨篷、坡道等立面图的细节部分。

5）标注尺寸及标高，绘制索引符号及书写必要的文字说明等内容。

6）添加图框。

6.3.4　立面图的绘制过程

1. 绘制定位线

因建筑立面图与建筑平面图是有"长对正、高平齐、宽相等"投影关系的两面视图，因此立面图中的长度尺度是以平面图为基础而得到的，所以绘制立面图时首先应打开已经绘制好的平面图，从平面图中提取长度尺寸。本章（附录二建施 06）以南立面图的绘制为例，讲述立面图的绘制过程。方法如下。

1）复制一张一层平面图或标准层平面图，从图中引出绘制一系列竖向辅助线，包括轴线，外墙轮廓线、窗洞线，作为立面图中长度方向定位线，如图 6.42 所示。

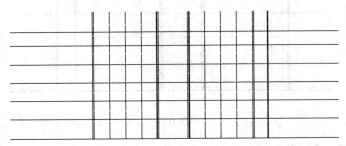

图 6.42

2）打开辅助线图层，绘制一条水平线，作为 ±0.000 所对应的标高线，并与上述竖向直线相交。运用偏移命令，向上偏移这条直线，偏移距离分别为 3900、3700、3700、3700、3900、2700，从而得到各层层高线，作为高度方向的定位线，如图 6.42 所示。

2. 绘制建筑地坪线、外墙轮廓线

将墙线层置于当前层，绘出建筑物的外轮廓，由于地坪线应用 $1.4b$，墙线应用 $1.0b$ 的粗实线，因此轮廓线绘制采用多段线绘制，并将室外地坪线宽定为 70，外轮廓线宽为 50，如图 6.43 所示。

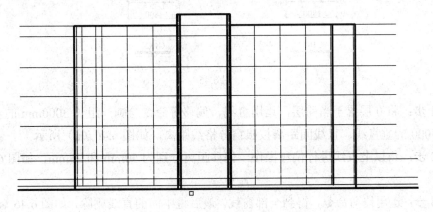

图 6.43

3. 绘制阳台、楼梯间，墙身及暴露在外墙外面的柱子等可见的轮廓线

将立面阳台线置于当前层，线宽为 35，用多段线命令绘制阳台、楼梯间，墙身及暴露在外墙外面的柱子等可见的轮廓线。绘制时，必须通过平面图、立面图、剖面图彼此对照，方可得出本图中阳台栏板高度、装饰线脚位置和高度等。对于立面图中的每一条线均需与平面图、剖面图进行尺寸校核，如图 6.44 所示。

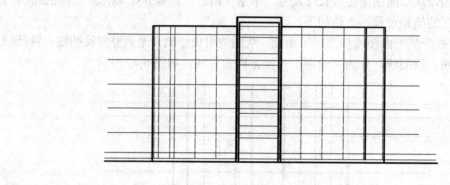

图 6.44

4. 画出门窗、雨水管、外墙分割线、台阶、雨蓬、坡道等立面图的细节部分

窗户是立面图中重要的图形对象，在绘制该图幅上的窗户之前，先观察该建筑物上一共有几种窗户，作图时每种窗户可绘制一个，其余的窗用 AutoCAD 的复制、缩放等编辑功能进行绘制。以图 6.45 为例，来进行立面窗的绘制介绍。

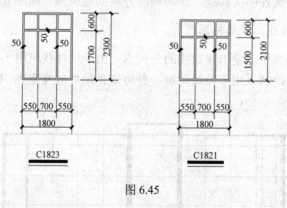

图 6.45

第 1 步：将 0 层置于当前层，运用直线、偏移等命令绘制一组长 3000mm 的水平线和一组长 5000 的垂直线，直线间距离按照窗分格线距离，如图 6.46（a）所示

第 2 步：将以上直线进行偏移操作，偏移距离分别为 50mm 和 25mm，如图 6.46（b）所示。

第 3 步：运用修剪命令，得到全部窗线。最后将中间的直线删除，如图 6.46（c）所示。

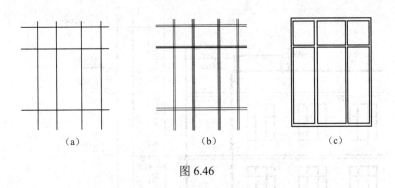

（a）　　　　　（b）　　　　　（c）

图 6.46

根据以上方法即可绘制各种窗。一层窗与其他层差别较大，二层以上各层窗相同。因此只需绘出一层和二层窗，将二层窗进行复制或阵列，就能够绘出所有窗户。中间阳台的边线会将窗下部遮挡一部分，需运用修剪等命令进行修改。本例（附录一）台阶和雨篷都是由直线及偏移修剪等命令绘制出来的，台阶和雨棚的形状及高度尺寸由平面图及剖面图确定。完成上述步骤后，整个立面图的所有图形元素基本绘制出来了，如图 6.47 所示。

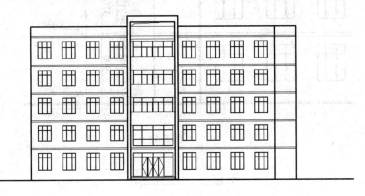

图 6.47

5. 标注尺寸及标高

立面图的标注包括标注尺寸和外立面各部位的标高，如室外地坪、门窗洞的上下口、女儿墙压顶面、入口的平台、雨篷和阳台地面的标高。尺寸标注前先绘制四条辅助尺寸线，分别为三道尺寸线位置线和标高符号的位置线，如图 6.48 所示。竖向尺寸标注参考平面图尺寸标注步骤进行，这里只讲标高的标注，标高符号尺寸见图 6.49。

标高标注时，标高符号是相同的，仅标高数字不同，故可将标高符号定义属性。属性标记为−0.450，提示为立面标高，文字样式为"DIM"，字高为 300，如图 6.50（a）所示。

绘制标高符号，定义图块命名为立面标高，如图 6.50（b）所示。标注标高时，多次插入标高图块，配合对象捕捉工具（捕捉交点）进行标注，提示输入标高数值时输入相应的高度数值，这种方法充分利用了块属性、标注块，简捷方便，完成标注如图 6.49 所示。

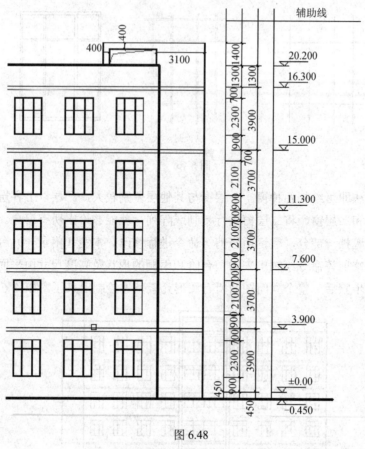

图 6.48

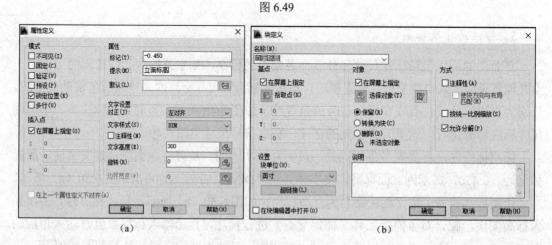

图 6.49

图 6.50

6. 文字注写

立面图上文字说明较多，装修做法、结构材料等，都需要用文字直接在图上注明，可以使用单行文字命令进行文字的注写，立面图见附录二。

任务 *6.4*　建筑剖面图的绘制

建筑剖面图主要用来表示房屋内部的分层、结构形式、构造方式、材料、做法、各部位间的联系及其高度等情况。在施工过程中，建筑剖面图是进行分层、砌筑内墙、浇筑楼板、屋面板和楼梯以及内部装修工作的依据。

6.4.1　建筑剖面图的主要内容

1）主要承重构件的定位轴线及编号。
2）所有被剖切到的墙体断面，各层的楼板、屋面板、屋顶层板断面。
3）被剖切到的窗、门。
4）被剖切到的楼梯及平台板断面。
5）所有未被剖切到的可见部分，如：室内的装饰、窗、门。
6）楼梯踏步、栏杆扶手。
7）表示房屋高度方向的尺寸及标高。
8）详图的索引符号及文字说明。

6.4.2　剖面图的图示要求

1. 比例

建筑剖面图的比例，视房屋的大小和复杂程度选定，一般采用与建筑平面图、建筑立面图相同的或较大一些的比例，常用比例为 1∶50、1∶100 等。

2. 图线及定位轴线

室外地平线用加粗实线（线宽为 1.4b）绘制；剖切到的墙身、楼板、屋面板、楼梯、梯段板、楼梯平台、阳台、雨篷和散水等轮廓线用粗实线（线宽为 b）绘制；其他的可见轮廓线，如门窗洞、楼梯梯段及栏杆扶手、内外墙、踢脚和勒脚等均用中粗线（线宽为 0.5b）绘制；雨水管、雨水斗、门窗扇及其分隔线及有关说明引出线、尺寸线、尺寸界线和标高均用细实线（线宽为 0.25b）绘制。在建筑剖面图中，被剖切到的墙、柱通常要画出定位轴线，并注写轴线编号。

3. 尺寸标注及标高

外墙的竖向尺寸通常标注三道，最外一道标注室外地坪以上的总尺寸；中间一道标注层高尺寸；最内部一道标注门窗洞口及洞间墙的高度尺寸。此外，还需标注某些局部尺寸，如内墙上的门窗洞高度、窗台的高度、墙裙的高度、栏杆扶手的高度、雨篷和屋檐挑出长度、以及剖面图上两轴线之间的尺寸等。在建筑剖面图中，宜标注室内外地坪、各层楼地

面、楼梯平台面、阳台面、檐口顶面、女儿墙顶面和屋面的水箱顶面、楼梯平台梁底面、雨篷底面和挑梁底面等的标高。

4. 详图索引符号

在需要绘制详图的部位，应画出索引符号。

6.4.3 用 AutoCAD 绘制剖面图的步骤

1）绘制建筑的室内外地坪线、轴线及各层的楼面、屋面位置线。
2）根据轴线绘出所有被剖切到的墙体断面轮廓及未剖切到的可见墙体轮廓。
3）绘出各层的楼面、屋面剖切到的断面、给出各种梁的轮廓或断面。
4）绘制细部构造，如剖面门窗洞口位置及门窗线、楼梯平台、楼梯段、女儿墙、檐口以及其他的可见轮廓、室外的台阶、花池及其他可见细节。
5）标注尺寸和标高。
6）绘制索引符号及书写必要的文字说明。

6.4.4 剖面图绘制过程

绘制附录一中 1—1 剖面图。

1. 绘制建筑的室内外地坪线，定位轴线及各层楼面、屋面位置线

将轴线层置于当前层，运用直线命令绘制剖面中的定位轴线，将辅助线层置于当前层，运用直线命令和偏移命令绘出室内外地坪线及各层楼面、屋面位置线，如图 6.51 所示。

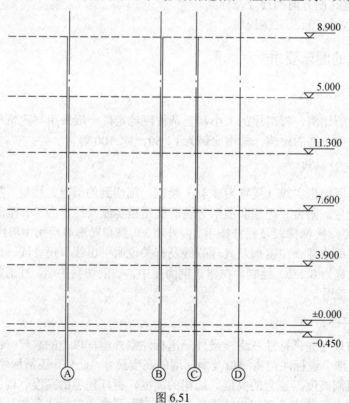

图 6.51

2. 根据轴线及位置线绘出所有被剖切到的墙体断面轮廓及未剖切到的可见墙体轮廓

墙体线的绘制与平面图相同。

3. 绘出各层的楼面、屋面剖切到的断面、给出各种梁的轮廓或断面

观察图 6.52，楼层定位线与楼板的轮廓线不在同一高度，两者相差高度为楼板层的装饰面层做法厚度，应按照工程做法厚度确定两者位置。本图中，所剖到的楼板层装饰构造做法厚度均为 100mm。

1）将梁边线层置于当前层，根据梁板的尺寸，运用直线、偏移、修剪等命令绘制二层梁板及阳台板阳台栏板的边线，如图 6.53（a）所示。

2）调用图案填充命令，图案为 solid，采用拾取点的方式选择填充边界，注意所有梁板边线必须组成闭合的边界，填充后即得二层梁板剖面图，如图 6.53（b）所示。

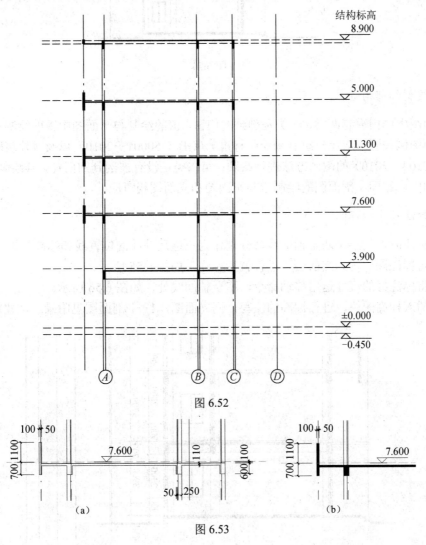

图 6.52

图 6.53

3）由于二～四层的梁板尺寸相同，连续复制，一层屋顶及梁板略有区别，经过修改，即可得到所有梁板的剖面图，如图 6.54 所示。

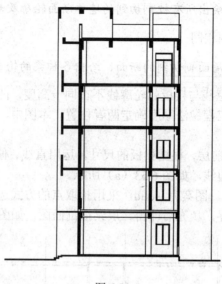

图 6.54

4. 绘制细部构造

剖面图中的门窗有两类，一类是剖到的门窗，窗的绘制与平面图中窗的绘制方法类似，门的剖面图例按照《房屋建筑制图统一标准》（GB/T 50001—2010）以及《建筑制图标准》（GB/T 50104—2010）的图例方法进行绘制；第二类是没有被剖到的门窗，其绘制方法与立面图中的门窗相同。剖面图的绘制应与平面图和立面图相对应。

5. 标注尺寸和标高

1）标注时，先绘制四条辅助线，分别作为三道尺寸线的位置线和标高位置线。

2）将标注图层置为当前层，进行就近标注，如图 6.55 所示。

3）将标注好的尺寸运用移动命令，移至辅助线处，如图 6.56 所示。

4）插入标高图块，进行标高的注写，同立面图，1—1 剖面图见附录二，建施 06。

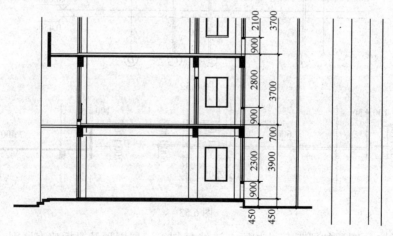

图 6.55

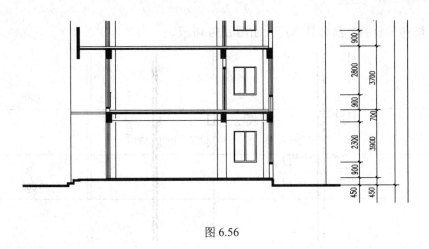

图 6.56

6.4.5 楼梯剖面图绘制过程

绘制附录一，建施 06 2—2 剖面图，本图绘制重点在于楼梯剖面绘制，其余部分绘制在剖面 1—1 中已经讲解。楼梯由三部分构成，楼梯段、平台（包括楼层平台和休息平台，以及下部的平台梁）、栏杆扶手。楼梯剖面绘制主要进行这三部分的绘制。

1. 绘制建筑的室内外地坪线，定位轴线及各层的楼面、屋面位置线

将轴线层置于当前层，运用直线命令绘制剖面中的定位轴线，将辅助线层置于当前层，运用直线命令和偏移命令绘出室内外地坪线及各层楼面、屋面位置线，如图 6.57 所示。

2. 根据轴线及位置线绘出所有被剖切到的墙体断面轮廓及未剖切到的可见墙体轮廓

墙体线的绘制与平面图相同，如图 6.58 所示。

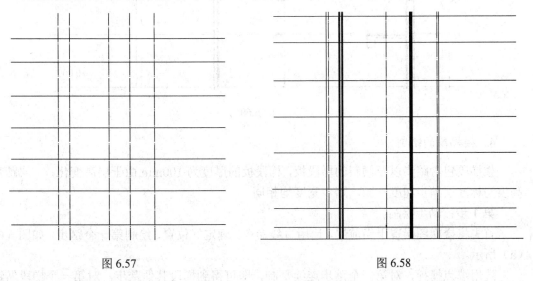

图 6.57   图 6.58

3. 绘制楼梯平台剖面

认真识读建筑图及结构图，确定楼梯平台板尺寸、平台梁尺寸以及标高位置。本工程

（附录一）楼梯平台的各部分具体尺寸如图 6.59 所示。

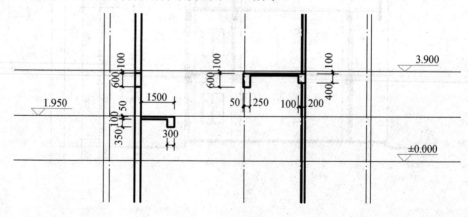

图 6.59

根据上述尺寸绘制楼梯的楼层平台以及休息平台。本图一层、五层的层高为 3900mm，二~四层的层高为 3700mm，但楼梯平台板及梁的尺寸均相同。绘制时可先绘制一层以及二层楼梯平台，其余各层均可通过复制得到，如图 6.60 所示。

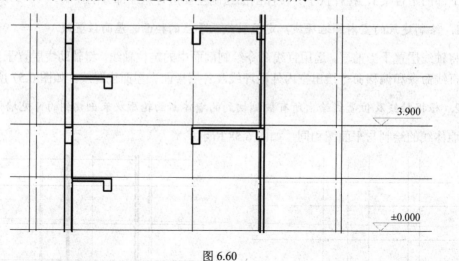

图 6.60

4. 楼梯段的绘制

楼梯段包含踏步以及倾斜的梯段板，梯段板的厚度为 100mm，由于层高变化，一层踏步高度与标准层踏步高度不同，踏步宽度均相同。

第 1 步：踏步绘制。

首先将楼梯图层置于当前层，运用直线命令，确定好位置，绘制第一个踏步，如图 6.61（a）所示。

选用端点捕捉，对第一个踏步连续复制，即可得到梯段其他踏步。对第一个梯段做镜像操作，即可绘出一层全部踏步，如图 6.61（b）所示。

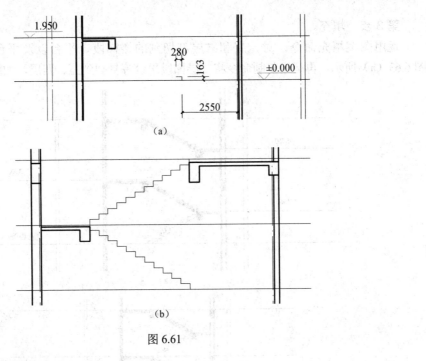

(a)

(b)

图 6.61

第 2 步：梯段板的绘制。

运用直线命令，绘制踏步下斜线，连接踏步各交点，如图 6.62（a）所示。向下偏移辅助线 100mm，得到梯段板断面线，如图 6.62（b）所示。删除中间辅助线，将剖切到的楼梯段板边线改变图层，成为混凝土边线。同样操作，绘制出二层楼梯梯段，如图 6.62（c）所示。

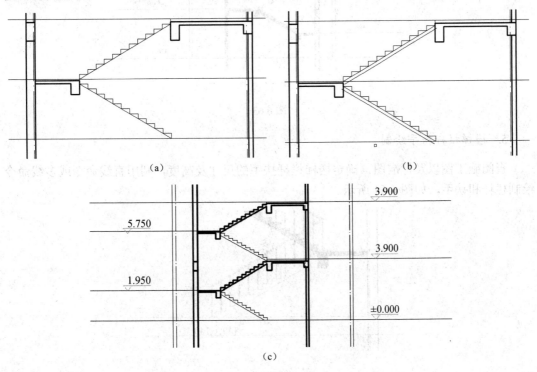

图 6.62

第3步：填充。

运用图案填充命令，对一层和二层剖切到的楼梯段、平台以及平台梁进行填充，如图 6.63（a）所示。再运用复制命令将二层梯段平台等复制到三、四层，如图 6.63（b）所示。

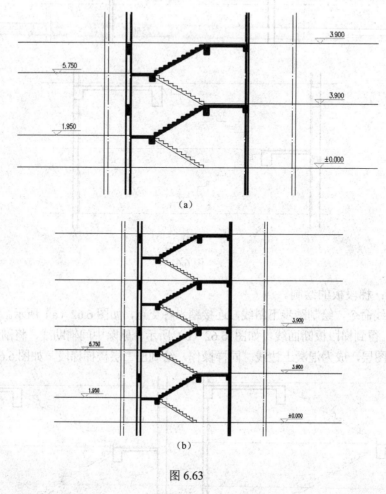

（a）

（b）

图 6.63

5. 楼梯栏杆扶手绘制

查阅施工图以及标准图，确定楼梯栏杆扶手的尺寸及高度，利用直线命令或多线命令绘制栏杆和扶手，如图 6.64 所示。

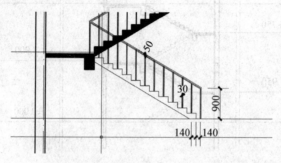

图 6.64

6. 完善剖面其余部分绘制，进行尺寸标注

楼梯尺寸标注如图 6.65 所示。

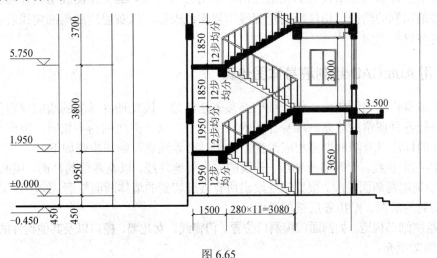

图 6.65

任务 *6.5* 墙身节点详图的绘制

墙身节点详图也叫墙身大样图或墙身剖面详图，是墙身的局部放大图，墙身节点详图主要表达墙身与地面、楼面、屋面的构造连接情况，表示檐口、门窗顶、窗台、勒脚、防潮层、散水和明沟等构造、细部尺寸和用料。墙身节点详图同时也是砌墙、室内外装修、门窗安装、编制施工各预算以及材料估算等重要依据。

墙身节点详图往往在窗洞口用双折断线断开（该部位图形高度变小，但标注的窗洞竖向尺寸不变），将竖向几个节点详图进行组合。墙身详图一般绘制底层、标准层和顶层。在多层房屋中，若各层的构造情况，可只画墙脚、檐口和中间层（含门窗洞口）3 个节点，按上下位置整体排列。有时墙身详图不以整体形式布置，而把各个节点详图分别单独绘制。

6.5.1 墙身节点详图的图示内容

1）墙身的定位轴线及编号，墙体的厚度、材料使用。

2）勒脚、散水节点构造。主要反映墙身防潮做法、首层地面构造、室内外高差和散水做法等。

3）标准层楼层节点构造。主要反映标准层梁、板等构件的位置及其与墙体的联系，构件表面抹灰、装饰等内容。

4）檐口部位节点构造。主要反映檐口部位（包括女儿墙、挑檐、圈梁、过梁、屋顶泛水构造、屋面保温和防水做法等）和屋面板等构造。

5）详图索引符号。

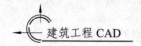

6.5.2 墙身节点详图的图示方法

墙身节点详图一般用较大的比例绘出，常用比例为 1：20。绘图线型选择与建筑剖面相同，被剖切到的结构、构件断面轮廓线用粗实线表示，抹灰层边线用细实线表示。断面轮廓内应画材料图例。

6.5.3 用 AutoCAD 绘制墙身详图步骤

由于墙身详图比例较大，相应细节必须表达清楚，因此墙身详图的绘制烦琐复杂，同时还需进行各种图例的填充。墙身详图的比例与平、立、剖面图均不相同，因此文字的输入，尺寸的标注以及图框也需相应改变，绘图时必须注意，绘图步骤如下。

1）绘制定位线。绘制墙身轴线、建筑的室内外地坪线，以及各层的楼面、屋面位置线。

2）绘制墙身断面轮廓。根据轴线绘出所有被剖切到的墙体断面轮廓。绘出各层的楼面、屋面剖切到的断面、给出各层梁的断面。

3）绘制细部构造。如剖面门窗洞口位置、门窗线、女儿墙、檐口以及其他构件的断面线。

4）图案填充。

5）标注尺寸和标高及注写文字。

6）绘制索引符号及书写必要的文字说明。

6.5.4 墙身详图绘制过程

1. 绘制定位线

将轴线层置于当前层，运用直线命令绘制所剖墙身的定位轴线，将辅助线层置于当前层，运用直线命令和偏移命令绘出室内外地坪线及各层楼面及屋面的位置线，如图 6.66 所示。

2. 绘出所有被剖切到构件轮廓线

绘出墙体剖切面以及各层的楼面、屋面、各层梁剖切面的轮廓线。本图中标准层梁板尺寸如图 6.67 所示。

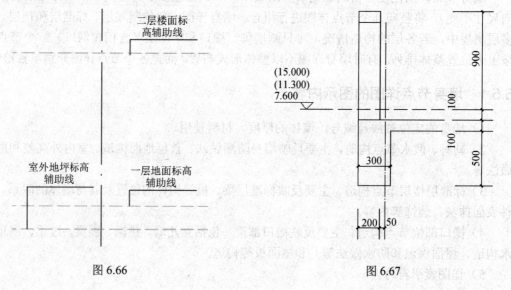

图 6.66   图 6.67

　　1）识读图 6.67，该图的墙体厚度为 200 mm，将墙线图层置于当前层，单击偏移命令，将偏移对象的"图层"选项设为"当前"，向左偏移轴线，偏移距离为 50mm、200mm，即可得到墙线。

　　2）将"梁线"图层置于当前层，单击偏移命令，将水平辅助线分别向下偏移 100mm、100mm、500mm，将轴线向右偏移 50mm，向左偏移 250mm，即可得到梁、板边线，如图 6.68（a）所示。

　　3）将图 6.68（a）进行修剪、延伸、拉伸等操作，可得到图 6.68（b）所示的图形。

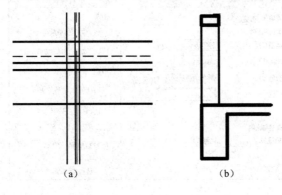

　（a）　　　　　　　　（b）

图 6.68

3. 绘制细部构造

绘制门窗洞口位置及门窗线、女儿墙、檐口、装饰、保温位置线以及其他构件的剖切面。

　　1）保温层轮廓线：本工程墙体外墙保温层厚度为 50mm，将保温层图层置于当前，向外偏移墙体外边线 50mm，利用圆角、修剪等编辑命令进行编辑，注意窗洞口处同样有保温层。

　　2）抹灰层轮廓线：抹灰层厚度为 20mm，将保温层边线向外偏移 20mm，将外墙内边线向内偏移 20mm 即可。利用圆角、修剪等编辑命令进行编辑，最终绘出装饰构造层次的边线。

　　3）窗洞口及窗线绘制方法与平面图窗绘制方法相同。

　　4）楼面及地面面层轮廓线：楼面及地面做法按照附录二，建施 04 中的工程做法，各层次厚度，从楼面或地面标高辅助线向下逐层进行偏移，即可绘出，如图 6.69 所示。

图 6.69

4. 进行图案填充

观察附录一中墙身详图，图案填充涉及钢筋混凝土、灰土、素混凝土、保温层、水泥砂浆抹灰、素土夯实等多个图例。

　（1）对梁进行钢筋混凝土符号的填充

　首先进行斜线填充，单击【绘图】下拉菜单【图案填充】对话框，设置如图 6.70 所示，其次进行素混凝土符号填充。

　（2）对墙体填充加气混凝土符号

　本书按照最新《房屋建筑制图统一标准》（GB/T 5001—2010），选定加气混凝土的填充图

案为斜向交叉网格，如图 6.71 所示。外墙保温按照最新《建筑制图统一标准》（GB/T 50001—2010）选择图案，绘制结果如图 6.72 所示。

（3）对室内外地坪处的素土夯实进行填充

首先利用辅助线，绘出封闭的矩形，选择"earth"图案，旋转角度为 45°，如图 6.73 所示，进行填充，最后将辅助线删除。其余各节点按照前面的操作方法进行绘制，绘制结果如图 6.74 所示。

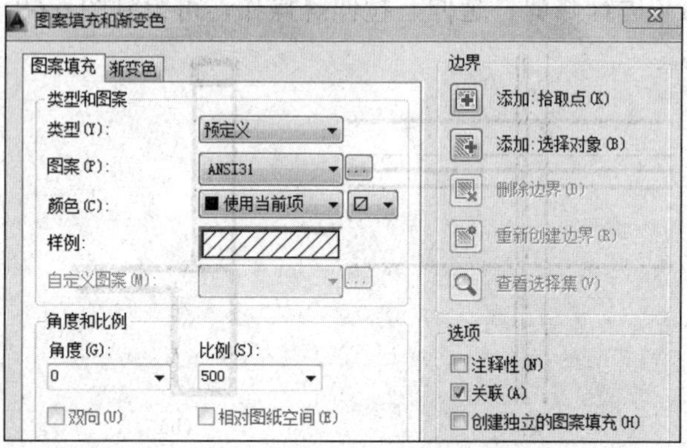

图 6.70

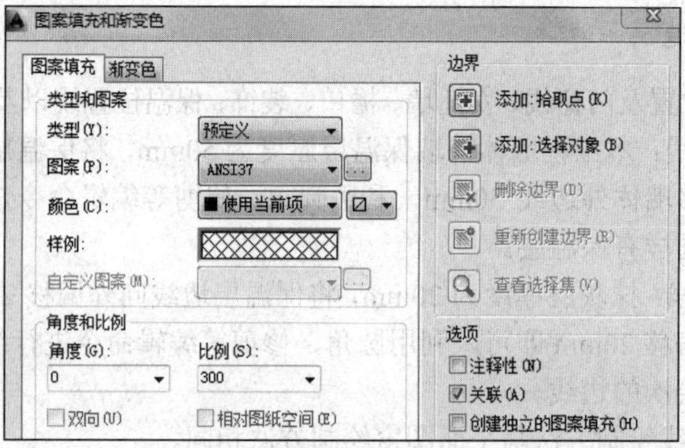

图 6.71

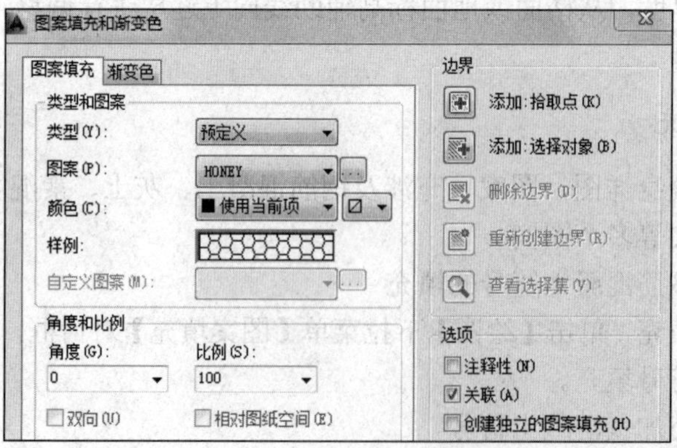

图 6.72

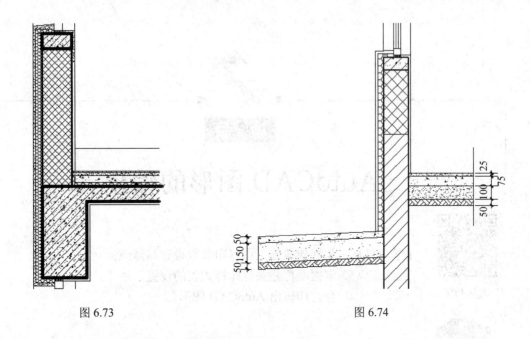

图 6.73　　　　　　　　　　　　　　　　　　图 6.74

5.　文字注写、尺寸标注、标高标注

文字注写、尺寸及标高标准的具体操作在前面已讲过，这里不再赘述。但因为墙身节点图的比例为 1∶20，所以在此作以下几点说明。

1）文字标注：因为绘图比例为 1∶20，若要求打印出图后的文字高度为 5mm，则字体高度应设置为 5mm×20＝100mm。

2）标高标注：因为绘图比例为 1∶20，绘制标高符号时，需要考虑比例与制图尺寸的问题，这时标高符号的高度是 3mm×20＝60mm。

3）尺寸标注：尺寸标注时，它的一些参数值（例如箭头大小、尺寸数字高度等）都需要打开对话框重新设置。参考平面图尺寸标注的设置，原则是将平面图（即 1∶100 比例下的图）的参数扩大 0.2 倍，因此需要重新设置新的标注样式。

4）窗高尺寸标注：观察附录一，建施 06，可发现窗高标注为 2300mm 和 2800mm，但它的标注尺寸与实际并不一致，因为中间已折断。所以在标注尺寸的过程中，必须将尺寸数字通过键盘直接输入 2300 或 2800 即可。

5）图框的插入：由于绘图比例为 1∶20，图框线的尺寸为图框实际尺寸乘以 20。相应标题栏等也要进行相应修改，墙身详图见附录一，建施 06。

项目

AutoCAD 图形的输出

教学 PPT

■**学习目标** 掌握建筑施工图打印参数设置与修改；
掌握颜色相关打印样式表的设置；
会打印输出 AutoCAD 图形。

项目任务

绘制并打印图 7.1 所示图形，A3 图幅。

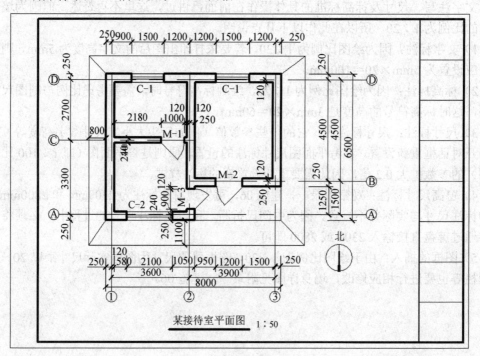

某接待室平面图 1：50

图 7.1

任务 *7.1* 模型空间与布局

7.1.1 模型空间与图纸空间

1. 模型空间

模型空间是完成绘图和设计工作的工作空间，是用户所画的图形（建立二维或者三维模型）所处的环境。使用在模型空间中建立的模型可以完成二维或三维物体的造型，并且可以根据需求用多个二维或三维视图来表示物体，同时配有必要的尺寸标注和注释等来完成所需要的全部绘图工作。通常用户在模型空间按实际尺寸 1∶1 进行绘图。模型空间可以从【模型】选项卡访问。默认的情况下，用户的工作从模型空间开始。

2. 图纸空间

图纸空间即布局，用于在绘图输出之前设置模型空间在图纸的布局，确定模型视图在图纸上出现的位置。图纸空间里，用户无须再对任何图形进行修改、编辑，所要考虑的是图形在整张图纸中如何布置。图纸空间的图纸就是图形布局，每个布局代表一张单独的打印输出图纸，即工程设计中的一张图纸。图纸空间可以定义图纸的大小、生成图框和标题栏。利用布局可以在图纸空间方便快捷地创建多个窗口来显示不同视图，而且每个视图都可以有不同的显示缩放比例，或冻结指定图层。模型空间的三维对象在图纸空间中是用二维平面上的投影表示的，它是一个二维环境。图纸空间的坐标系图标为三角形。

在 AutoCAD 中建立一个新图形时，AutoCAD 会自动建立一个【模型】选项卡和两个【布局】选项卡，用户可以通过单击选项卡进行切换。【模型】选项卡不能被删除和重命名；【布局】选项卡可以被删除和重命名。

■ 小贴士 ■

在模型空间绘制的图形能转化到图纸空间，在图纸空间绘制的图形不能转化到模型空间。

7.1.2 布局（layout/LO）

1. 创建布局

1）选项卡：单击【布局】选项卡→【布局】面板→【新建】按钮。

2）命令行：layout(lo) ↙。

3）右键快捷菜单：右击【布局】选项卡→【新建布局】按钮。

2. 编辑布局

1）右键快捷菜单：右击【布局】选项卡选择【删除/重命名/移动或复制】按钮。

2）命令行：Layout（Lo）✓。

3. Layout 命令各选项的含义

- 复制（C）：将选取的布局复制。新的布局选项卡插入到所选取的复制的布局选项卡之前。
- 删除（D）：删除布局。所有的【布局】选项卡都可被删除，但【模型】选项卡不能删除。
- 新建（N）：创建新的【布局】选项卡。一个图形文件可以创建最多 255 个布局。
- 样板（T）：以模板中的样板文件为基础创建新的布局。
- 重命名（R）：为布局重新命名。
- 另存为（SA）：将指定的布局另存为图形样板（DWT）文件。
- 设置(S)：设置当前布局。
- ？：列表。在命令栏和文本窗口以列表形式将当前的所有布局都列出来。

【例 7.1】创建"布局 3"，然后将其重命名为"新布局"。

操作过程：右击"布局 1"，弹出快捷菜单，选择【新建布局】，即可生成"布局 3"。在"布局 3"上右击，选择子菜单【重命名】，将"布局 3"改为"新布局"。

4. 视口

视口是 AutoCAD 界面上用于显示图形的一个区域，可以在【布局】选项卡和【模型】选项卡创建多个视口。视口是显示用户模型的不同视图区域，在大型或复杂的图形中，显示不同的视图可以缩短在单一视图中缩放或平移的时间。而且，在一个视图中出现的错误可能会在其他视图中表现出来。每个视口都可以单独进行平移和缩放，如图 7.2 所示。在命令执行期间，可以通过在某个视口的任意位置单击以切换视口；模型空间视口充满整个绘图区域并且相互之间不重叠。在一个视口中做出更改后，其他视口也会立即更新。

（1）创建多个模型空间视口的方式

- 选项卡：单击【视图】选项卡→【布局视口】面板→【视口配置】下拉箭头按钮，单击要使用的视口配置。
- 命令行：vports✓（模型空间）。

（2）创建多个布局视口的方式

- 选项卡：单击【布局】选项卡→【模型视口】面板→【对象】下拉箭头，单击要使用的视口形状。
- 命令行：vports✓（布局）。

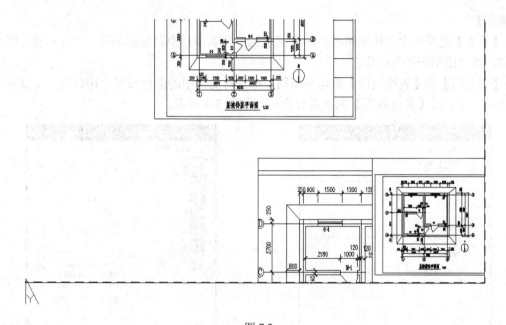

图 7.2

任务 *7.2* AutoCAD 图形的输出

7.2.1 打印样式

设置打印样式表
（视频）

1. 打印样式（Plot Style）

打印样式是具体的打印效果的控制，而打印样式表是打印样式的集合。打印样式表有两种类型：颜色相关打印样式表和命名打印样式表。使用颜色相关打印样式打印时，是通过对象的颜色来控制绘图仪的笔号、笔宽及线型的。颜色相关打印样式表文件的扩展名为".ctb"。命名打印样式表直接指定给图层和单个对象打印样式，扩展名为".stb"。

2. 创建打印样式表（Stylesmanager）

（1）命令启动方式

1）选项卡：单击【应用程序】菜单→【打印】→【管理打印样式】→【添加打印样式表向导】按钮。

2）命令行：stylesmanager↙。

（2）颜色相关打印样式表的编辑

在创建颜色相关打印样式表的过程中，单击【打印样式表编辑器】，进入颜色相关打印样式表编辑器对话框，如图 7.3 所示。

标题栏为所编辑的打印样式表的名称。编辑选项卡有 3 个：【常规】【表视图】和【表

格视图】。

【常规】选项卡中是所编辑的打印样式表的一些基本信息，包括名称、保存路径、版本信息、线型比例因子等内容。

【表示图】和【表格视图】的功能相同，都是对文件中的颜色设置打印特性，仅仅是视图不同，这里以【表格视图】为例进行说明，如图 7.4 所示。

图 7.3   图 7.4

【表格视图】中，【打印样式】栏中的颜色指 AutoCAD 文件中的线条颜色；【特性】栏指打印出来后的图形特性，包括颜色、抖动、灰度、笔号、虚拟笔号、淡显、线型、自适应、线宽、端点、连接、填充等方面。若 AutoCAD 自带的线宽中没有合适的类型，可以单击【编辑线宽（L）】按钮对现有的线宽进行编辑。选中需要编辑的线宽值，单击【编辑线宽】按钮，或者双击需要编辑的线宽值，输入新值并回车即可。

3. 命名打印样式表的编辑

编辑命名打印样式表，需要在添加打印样式表时选择"命名打印样式表"，如图 7.5 所示。再单击【下一步】，输入文件名称，单击【下一步】，进入到【完成】对话框。单击【打印样式编辑器】按钮，对打印样式表进行编辑。

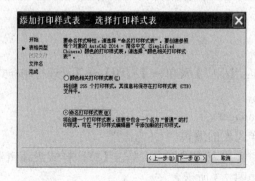

图 7.5

命名打印样式表的基本内容和颜色相关打印样式表相同,【常规】选项卡中为打印样式的基本信息,而对打印样式表的编辑则在【表视图】或【表格视图】中进行。

AutoCAD 自带的"普通"打印样式,打印出来的效果和电子文档中显示的完全相同,并且不允许编辑,如图 7.6 所示。单击【添加样式】按钮,添加新的打印样式,如图 7.7 所示。在新建的打印样式中,可以根据需要对打印对象的颜色、线型、线宽、笔号以及打印样式的名称等进行修改。修改完毕,单击【保存并关闭】按钮,返回添加打印样式表的【完成】对话框,单击【完成】按钮,完成打印样式表的创建和编辑。

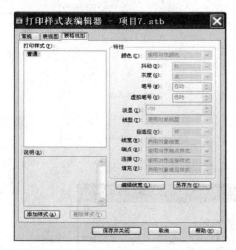
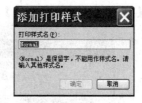

图 7.6　　　　　　　　　　　　　　　　　图 7.7

【例 7.2】新建文件"台阶平面图.dwg",绘制图 7.8 所示图形,图层设置见表 7.1。创建一个名称为"台阶平面图"的颜色相关打印样式表。

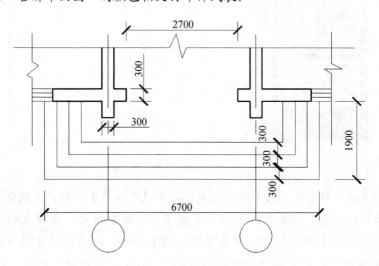

图 7.8

表 7.1　图层设置要求

图层名称	颜色	线型
轴线	红色	center
墙线	黄色	continuous
门窗	青色	Continuous
台阶	绿色	Continuous
文字	白色	Continuous
标注	绿色	continuous

操作过程如下：

第1步：新建文件及图层设置（略）。

第2步：创建"台阶平面图.ctb"。

命令：stylesmanager↙

打开"打印样式"文件夹，如图 7.9 所示。

双击【添加打印样式表向导】按钮 。

图 7.9

在弹出的【添加打印样式表】对话框中，单击【下一步】按钮，系统弹出【添加打印样式表—开始】对话框，如图 7.10 所示。单击【下一步】按钮，在弹出的【添加打印样式表—选择打印样式】对话框中，单击【下一步】按钮；在弹出的【添加打印样式表—文件名】对话框中，输入文件名"台阶平面图"，如图 7.11 所示。继续单击【下一步】按钮。

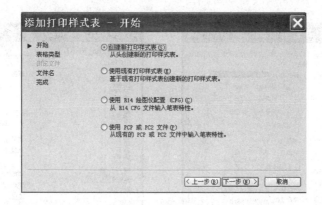

图 7.10

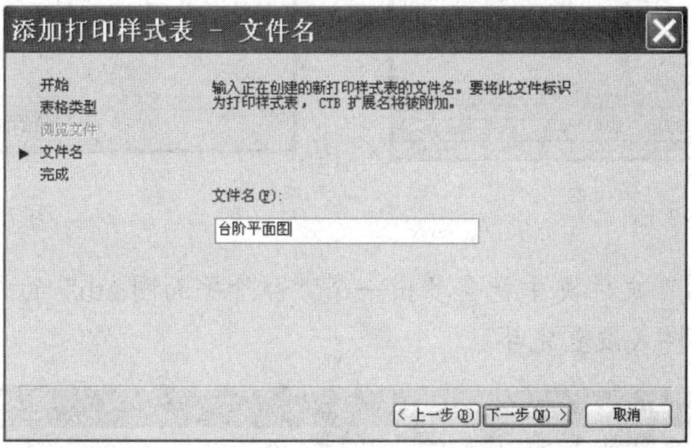

图 7.11

在弹出的【添加打印样式表—完成】对话框中单击【打印样式表编辑器（S）】按钮，如图 7.12 所示。打开【打印样式表编辑器—台阶平面图.ctb】，如图 7.13 所示。在【表格视图】选项卡中，单击【打印样式】选项组中的"颜色 1"（红色），在【特性】选项组中，【颜色】下拉列表中选择黑色，其他不变，如图 7.13 所示。然后选中"颜色 2"（黄色），在【特性】选项组中，【颜色】下拉列表中选择黑色，在【线宽】下拉列表中选择 0.5 毫米，如图 7.14 所示。依次将本文件中其他图层颜色的打印特性均设置成黑色，单击【保存并关闭】按钮，返回到【添加打印样式表-完成】对话框，单击【完成】按钮。

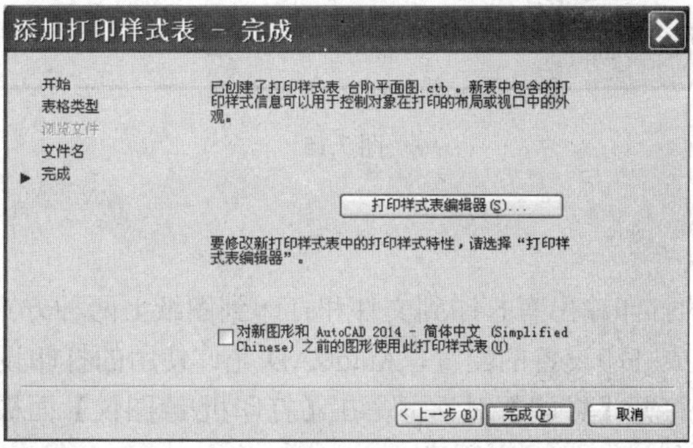

图 7.12

图 7.13   图 7.14

这时，"打印样式"文件夹中就会多出一个"台阶平面图.ctb"的文件，如图 7.15 所示。关闭该文件夹，打印样式设置完毕。

图 7.15

7.2.2 打印设备

AutoCAD 图形的打印输出有打印到文件和打印到图纸上两种方式。在 AutoCAD 进行打印之前，必须要完成打印设备的配置，AutoCAD 允许使用的打印设备有虚拟打印机、绘图仪和打印机三种。打开【打印】对话框，在【打印机/绘图仪】面板上名称下拉列表中，可以选择打印所需设备，如图 7.16 所示。

图 7.16

1. 虚拟打印机

在打印参数设置的对话框中，选择相应的打印机类型，即可将图形打印成相应类型的文件。AutoCAD 可以打印输出的文件类型有 dwf、pdf、jpg、png 等。AutoCAD 里面带有 DWF6 ePlot.pc3、DWG To PDF.pc3、PublishToWeb JPG.pc3、PublishToWeb PNG.pc3、doPDF v7、Microsoft XPS Document Writer 等几款虚拟打印机，这几款虚拟打印机都用来将 AutoCAD 文件虚拟打印成其他格式的文件。

2. 绘图仪和打印机配置

此项工作可以使用系统自带的添加绘图仪向导来完成，步骤如下：

单击【输出】选项卡→【打印】面板→【绘图仪管理器】按钮，打开"Plotters"文件夹，双击【添加绘图仪向导】，弹出【添加绘图仪—简介】对话框，如图 7.17 所示。单击【下一步】，弹出【添加绘图仪-开始】对话框，如图 7.18 所示。

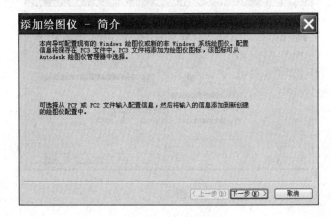

图 7.17

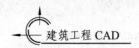

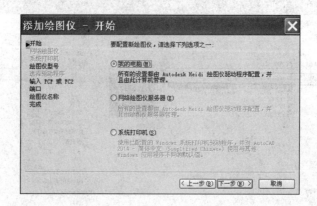

图 7.18

默认选择"我的电脑",单击【下一步】,打开【添加绘图仪—绘图仪型号】对话框,选择绘图仪型号,如图 7.19 所示。如果是配置 PostScript 设备,可以从"生产商"列表中选择"Adobe";如果所需的绘图仪没有列在表中,但有驱动程序盘,可单击"从磁盘安装",定位到该驱动程序盘上的 HIF 文件,开始安装绘图仪附带的驱动程序;输入"PCP"或"PC2",屏幕使用用户可以使用通过早期版本的程序创建的"PCP"或"PC2"文件中的配置信息。单击【下一步】,打开【添加绘图仪-输入 PCP 或 PC2】对话框,如图 7.20 所示。单击【下一步】,对绘图仪的端口进行设置。指定通过端口打印、打印到文件或使用后台打印,可以更改配置的打印机与用户计算机或网络系统之间的通信设置,如图 7.21 所示。单击【下一步】设置绘图仪名称,如图 7.22 所示。单击【下一步】进入【添加绘图仪—完成】对话框,如图 7.23 所示。单击【编辑绘图仪配置】按钮,对绘图仪进行配置编辑,如图 7.24 所示。单击【校准绘图仪】,按钮,可以对新配置的绘图仪进行打印校准测试。单击【确定】按钮,返回【添加绘图仪—完成】对话框,单击【完成】按钮,结束绘图仪的配置。

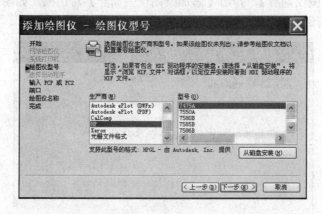

图 7.19

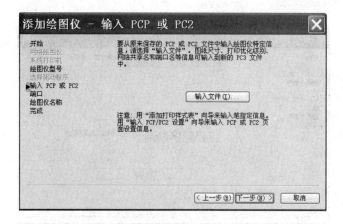

图 7.20

图 7.21

图 7.22

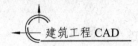

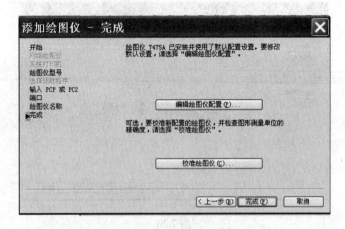

图 7.23

图 7.24

7.2.3 打印（plot）

1. 命令启动方式

1）选项卡：单击【输出】选项卡→【打印】面板→【打印】按钮🖶。

2）命令行：plot↙。

3）快速访问工具栏：单击🖶按钮。

4）快捷键：Ctrl+P。

2. 打印对话框各选项的含义

启动打印命令后，进入【打印】对话框，如图 7.25 所示。

打印输出
（视频）

图 7.25

1）页面设置：预先设置好的打印参数。

2）打印机/绘图仪：单击【名称】下拉列表框，选择打印机或绘图仪。

● 【特性】按钮：设置打印机或绘图仪的打印特性。

● 打印到文件：勾选此项，将 cad 图形打印到文件。

3）图纸尺寸：单击下拉列表的下拉箭头，选择纸张大小。

4）打印份数：控制打印数量。

5）打印区域：指打印区域的选择方式，有"窗口""范围""图形界限""显示"四种方式。

● 窗口：打印选择窗口内的图形。单击右面的【窗口】 窗口(0)< 按钮，回到屏幕上选择需要打印的图形。

● 范围：文件中包含所有图型的区域，即该文件中所有的图形都在打印范围。

● 显示：打印显示器显示的部分。

● 图形界限：打印图形界限范围内所有的图形。CAD 默认是(0,0)到(297,210)，图形不在此区域内，就不能打印。

6）打印偏移：指打印原点的位置，可通过输入 X、Y 坐标来确定，也可以选择"居中打印"，使打印图形位于图纸的中间。

7）打印比例：单击自定义下拉列表的箭头，从 AutoCAD 自带的打印比例中选择；也可以手动输入比例：1 英寸/毫米=? 个图形单位。单击【布满图纸】前的复选框，打印出来的图形就不受打印比例的限制，最大限度的布满图纸。

8）打印样式表：单击下拉箭头，选择需要的打印样式。若所选的打印样式的参数设置不符合要求，可以单击右面的【编辑】按钮，对打印样式进行编辑。

9）着色视口选项：控制打印模式和打印质量。

10）打印选项：控制有关打印属性。

11）图形方向：布置图形输出方向。

12）预览：打印预览。

13）" 、 "按钮：折叠或展开更多选项。

打印参数设置完毕后，单击【打印预览】按钮，可以观察打印效果，符合要求则单击【确定】按钮输出图形，需要修改则单击【取消打印】按钮⊗，或者在屏幕上右键快捷菜单中选择【退出】返回打印参数设置对话框进行修改。

■ 小贴士 ━━━━━━━━━━━━━━━━━━━━━━━━━━━━━━

打印之前先单击【预览】按钮预览打印出来的图形是否符合要求，如果线宽不符合要求，可单击【打印样式表】中的【编辑】按钮直接进入打印样式表重新设定线宽，而不用结束打印参数设置。

━━━━━━━━━━━━━━━━━━━━━━━━━━━━━━━━━━━

3．页面设置

页面设置可以简化打印设置，具有相同打印样式的图形无须一一设置打印参数，只需调用相应的页面设置即可。模型空间和布局空间均可以进行相关的页面设置。

（1）命令启动方式

1）选项卡（模型）：单击【输出】选项卡→【打印】面板→【页面设置管理器】按钮。

2）选项卡（布局）：单击【布局】选项卡→【布局】面板→【页面设置管理器】按钮。

3）命令行：pagesetup✓。

（2）操作过程

同打印参数设置。

绘制图 7.1 所示图形

第 1 步：绘制图形（略）。

其中图层设置要求如表 7.1 所示。

第 2 步：设置打印样式。

依次单击【应用程序菜单】→【打印】→【管理打印样式】按钮，打开 "Plot Styles" 文件夹，单击【添加打印样式表向导】。打开【添加打印样式表】对话框，单击【下一步】，进入【添加打印样式表—开始】对话框，单击【下一步】，进入【添加打印样式表—选择打印样式表类型】对话框，单击【下一步】，进入【添加打印样式表—文件名】对话框，输入文件名 "平面图"，如图 7.S-1 所示。单击【下一步】，进入【添加打印样式表—完成】对话框，单击【打印样式表编辑器】按钮，打开打印样式表编辑器 "平面图.ctb"，如图 7.S-2 所示。

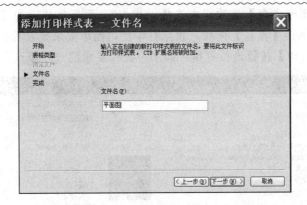

图 7.S-1

图 7.S-2

　　依次选中【打印样式】选项组中的红色、黄色、绿色、青色，将其【特性】选项组中的【颜色】设置为【黑色】。再将【打印样式】选项组中的黄色选中，在【特性】选项组中将线宽设定为 0.9 毫米，单击【保存并关闭】按钮。返回【打印样式表—完成】对话框，单击【完成】按钮。这时"Plot Styles"文件夹中就多了一个"平面图.ctb"的打印样式，关闭该文件夹。

　　第 3 步：打印。

　　单击快速访问工具栏上的【打印】按钮，或者使用快捷键"CTRL+P"，启动打印命令，打开【打印—模型】对话框。在【打印机/绘图仪】选项组中选上已经配置好的打印机或绘图仪。在【图纸尺寸】选项组中选择"ISO A3 420.00×297.00 毫米"。在【打印区域】选项组中，【打印范围】下拉列表中选择【窗口】，单击【窗口】按钮，返回到模型空间用窗口方式选择要打印的图形。在【打印偏移】选项组中，选择"居中打印"。【打印比例】选项组中，选择"1：50"。在【打印样式表】下拉列表中选择"平

面图.ctb"。在【图形方向】选项组中选择"横向"，设置完成后的【打印】对话框如图 7.S-3 所示。单击【预览】按钮，预览打印出的图形效果是否符合要求，如果符合要求，则单击【打印】按钮进行打印，如果不符合要求则进行修改。

图 7.S-3

操 作 训 练

1. 绘制并打印图 7.1

2. 在模型空间创建页面设置"平面图""立面图"，并将在项目 6 中绘制的平面图和立面图分别打印成"DWF"和"PDF"格式的文件

项 目

天正建筑平面图绘制

▌学习目标　掌握用天正建筑 TArch 2014 绘制、编辑、标注轴网和轴号的方法；

掌握用天正建筑 TArch 2014 创建、编辑柱子的方法；

掌握绘制、编辑墙体的方法以及墙体工具的使用；

掌握创建、编辑门窗的方法；掌握门窗的编号方法以及门窗表的绘制方法；

掌握房间查询的使用；掌握房间布置的方法；掌握创建屋顶的方法；

掌握楼梯的创建方法；掌握其他室外设施的创建方法；

掌握文字和标注尺寸的创建方法。

教学 PPT（1）

教学 PPT（2）

教学 PPT（3）

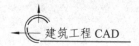

任务 *8.1* 天正建筑 TArch 2014 简介

8.1.1 天正建筑 TArch 2014 与 AutoCAD 的关系

天正建筑是一款在 AutoCAD 基础上二次开发、用于建筑绘图的专业软件，天正建筑与 AutoCAD 相比较，显得更加智能化、人性化和规范化，可以缩短绘制建筑工程图的时间；天正建筑必须在 AutoCAD 的基础上运行；天正建筑可以在"pentium4+512MB 内存"档次的电脑上正常运行；如果需要将天正建筑应用于三维建模，建议使用"双核 CPU+1GB 以上+支持 OpenGL 加速的显卡"配置的电脑。

天正建筑 TArch 2014，在 AutoCAD 的基础上增加了用于绘制建筑构件的专用工具，可以直接绘制墙线、柱子和门窗；预设了许多智能特征，例如插入的门窗碰到墙，墙即自动开洞并嵌入门窗；预设了图纸的绘图比例，以及符合国家规范的制图标准；提供了部分对象作为几何形体，如平板、路径曲面和矩形等，可由用户自定义其用途；可以方便地书写和修改中西文混排文字，以及输入和变换文字的上下标、特殊符号等。另外还提供了非常灵活的表格内容编辑器，它的功能与 Excel 相似，可方便快捷地在表格中创建、删除行或列，并输入表格内容。

8.1.2 天正建筑 TArch 2014 的操作界面

1. 折叠式屏幕菜单

本软件的主要功能都列在"折叠式"三级结构的屏幕菜单上，如图 8.1 和图 8.2 所示。

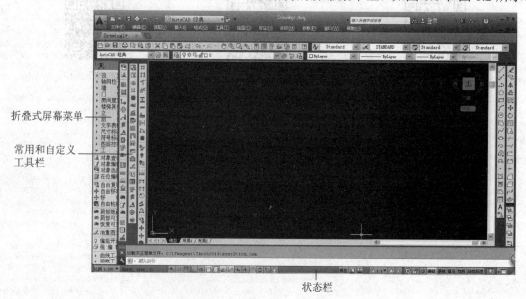

图 8.1

单击上一级菜单可以展开下一级菜单，同级菜单互相关联，展开另外一个同级菜单时，原来展开的菜单自动合拢。二到三级菜单项是天正建筑的可执行命令或者开关项，全部菜单项共提供 256 色图标，图标设计具有专业含义，以方便用户增强记忆，更快地确定菜单项的位置。

折叠式菜单效率较高，但由于屏幕的高度有限，在展开较长的菜单后，部分菜单项无法完全在屏幕可见，为此可用鼠标滚轮上下滚动菜单；快速选择当前不可见的项目；天正屏幕菜单支持自动隐藏功能，在光标离开菜单后，菜单可自动隐藏为一个标题，光标进入标题后随即自动弹出菜单，从而节省了屏幕作图面积。

2. 常用和自定义工具栏

天正图标工具栏所兼容的图标菜单，由三条默认工具栏以及一条用户定义工具栏组成，默认工具栏 1 和 2 使用时停靠于界面右侧，把分属于多个子菜单的常用天正建筑命令收纳其中，本软件提供了【常用图层快捷工具栏】，以避免反复的菜单切换，进一步提高效率。光标移到图标上稍作停留，即可提示各图标功能。

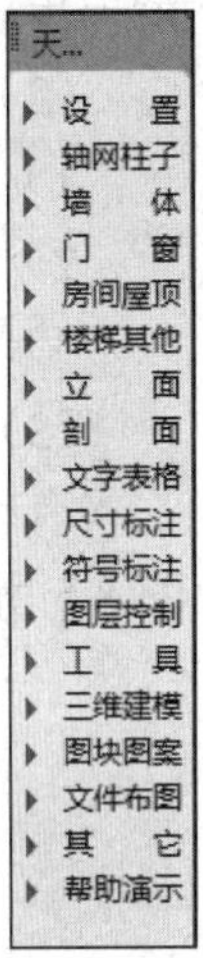

图 8.2

用户图标工具栏与常用图层快捷工具栏默认设在图形编辑区的下方，由 AutoCAD 的 toolbar 命令控制它的打开或关闭，用户可以键入【自定义】命令选择【工具条】页面，在其中增删工具栏的内容，不必编辑任何文件，如图 8.3 所示。

自定义工具栏　　　　　　　　　　　图层快捷工具栏

图 8.3

3. 状态栏

天正建筑 TArch 2014 在 AutoCAD 状态栏的基础上增加了比例设置的下拉列表控件以及多个功能切换开关，解决了动态输入、墙基线、填充、加粗和动态标注的快速切换，又避免了与 2006 以上版本的热键冲突问题，如图 8.4 所示。

图 8.4

任务 *8.2*　轴网和柱子

8.2.1　轴网的创建

1. 直线轴网（Taxis Grid）

（1）功能

直线轴网用来生成正交轴网、斜交轴网、单向轴网，是用天正建筑软件绘制平面图的

第一步。

（2）命令启动方式

1）屏幕菜单：单击【轴网柱子】→【绘制轴网】启动命令。

2）常用快捷功能按钮：单击常用快捷功能按钮中的 ⊞ 按钮启动命令。

3）命令行：IIZZW↙。

（3）命令的执行

启动命令后，在弹出的【绘制轴网】对话框中选择【直线轴网】选项卡进行操作，如图 8.5 所示。

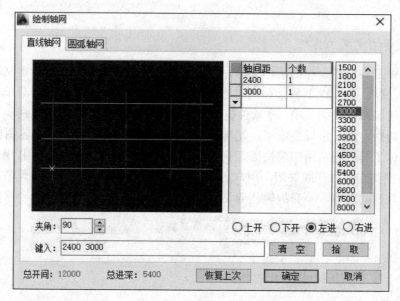

图 8.5

输入轴网数据方法：

方法一： 直接在【键入】栏内键入轴网数据，每个数据之间用空格或英文逗号隔开，输入完毕后回车生效。

方法二： 在电子表格中键入【轴间距】和【个数】，常用值可直接选择右方数据栏或下拉列表的预设数据。

（4）对话框控件的说明

- 上开：在轴网上方进行轴网标注的房间开间尺寸。
- 下开：在轴网下方进行轴网标注的房间开间尺寸。
- 左进：在轴网左侧进行轴网标注的房间进深尺寸。
- 右进：在轴网右侧进行轴网标注的房间进深尺寸。
- 个数：栏中数据的重复次数，单击右方数值栏或下拉列表获得，也可以键入。
- 键入：键入一组尺寸数据，用空格或英文逗点隔开，回车数据输入到电子表格中。
- 夹角：输入开间与进深轴线之间的夹角数据，默认为夹角 90°的正交轴网。
- 清空：把某一组开间或者某一组进深数据栏清空，保留其他组的数据。
- 恢复上次：把上次绘制直线轴网的参数恢复到对话框中。

● 确定/取消：单击后开始绘制直线轴网并保存数据，取消绘制轴网并放弃输入数据。

（5）命令的各选项含义

在图 8.5 中单击【确定】按钮之后，命令行出现如图 8.6 所示提示，用户可拖动基点插入轴网，直接选择轴网目标位置或按选项提示回应。

图 8.6

【例 8.1】绘制如图 8.7 所示的轴网，开间尺寸分别为 3600mm、4200mm、3600mm、4200mm、3900mm，进深尺寸从下到上分别为 3600mm、2100mm、3000mm。

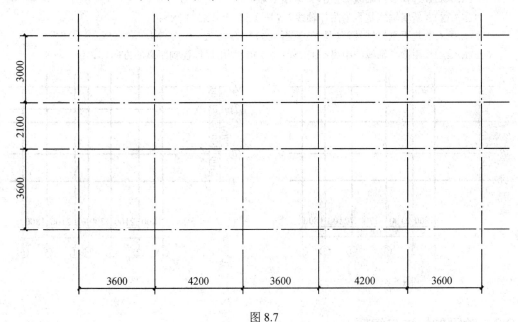

图 8.7

系统提示及操作如下：

1）单击菜单屏幕的【轴网柱子】→【绘制轴网】。

2）弹出【绘制轴网】对话框，依次键入 3600↙、4200↙、3600↙、4200↙、3900↙。

3）单击【左进】前的圆环，使其被选中，以此键入 3600↙、2100↙、3000↙。

4）单击【确定】。

5）选择位置或利用鼠标左键在屏幕上任选一点，完成图形的放置。

2. 添加轴线（TInsAxis）

（1）功能

轴线网格生成之后需要修改编辑，需要添加新的轴线；建筑的定位轴线帮助定位墙体等主体构件，主体绘图完成之后，需要绘制一些附属构件，此时也需要添加一些辅助轴线。

（2）命令启动方式

1）屏幕菜单：单击【轴网柱子】→【添加轴线】启动命令。

2）命令行：TJZX ↙。

【例 8.2】将图 8.8 加轴线变成图 8.9 所示图形。

首先要绘制出图 8.8，绘制过程略。

系统提示及操作如下：

命令：TInsAxis↙

TINSAXIS 选择参考轴线<退出>：单击 4 轴

TINSAXIS 新增轴线是否为附加轴线？[是（Y）否（N）]<N>：↙

TINSAXIS 是否重排轴号？[是（Y）否（N）]<Y>：N

TINSAXIS 距参考轴线的距离<退出>：1000 利用鼠标控制距离的方向

命令：TInsAxis↙

TINSAXIS 选择参考轴线<退出>：单击 C 轴

TINSAXIS 新增轴线是否为附加轴线？[是（Y）否（N）]<N>：↙

TINSAXIS 是否重排轴号？[是（Y）否（N）]<Y>：Y

TINSAXIS 距参考轴线的距离<退出>：1000（利用鼠标控制距离的方向）↙

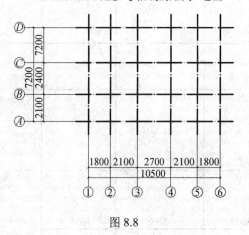

图 8.8

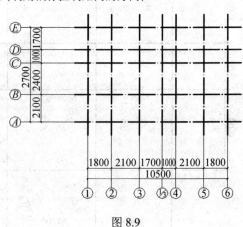

图 8.9

8.2.2 轴网的标注与编辑

1. 轴网标注（ZWBZ）

（1）功能

本命令对始末轴线间的一组平行轴线(直线轴网与圆弧轴网的进深)或者径向轴线(圆弧轴线的圆心角)进行轴号和尺寸标注。

（2）命令启动方式

1）屏幕菜单：单击【轴网柱子】→【轴网标注】启动命令。

2）常用快捷功能按钮：单击常用快捷功能按钮中的 按钮启动命令。

3）命令行：ZWBZ ↙。

（3）对话框控件的说明

● 起始轴号：希望起始轴号不是默认值 1 或者 A 时，在此处输入自定义的起始轴号，可以使用字母和数字组合轴号。

● 公用轴号：勾选后表示起始轴号由所选择的已有轴号后继数字或字母决定。

- 单侧标注：表示在当前选择一侧的开间（进深）标注轴号和尺寸。
- 双侧标注：表示在两侧的开间（进深）均标注轴号和尺寸。

【例 8.3】对图 8.10 中轴线网进行轴网标注。

系统提示及操作如下：

　　命令行：ZWBZ↙

　　出现如图 8.11 所示对话框

　　TAXISDIM2P 请选择起始轴线<退出>：单击最左边的竖线

　　TAXISDIM2P 请选择终止轴线<退出>：单击最右边的竖线

　　TAXISDIM2P 请选择不需要标注的轴线：↙

　　TAXISDIM2P 请选择起始轴线<退出>：单击最下边的横线

　　TAXISDIM2P 请选择终止轴线<退出>：单击最上边的横线

　　TAXISDIM2P 请选择不需要标注的轴线：↙

　　请选择起始轴线<退出>：↙↙

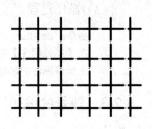

图 8.10

图 8.11

标注结果如图 8.12 所示。

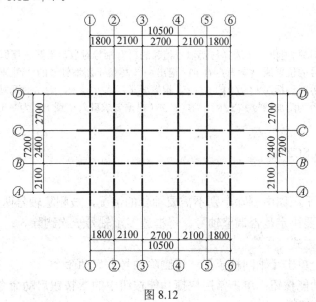

图 8.12

2. 单轴标注（DZBZ）

（1）功能

本命令只对单个轴线标注轴号，轴号独立生成，不与已经存在的轴号系统和尺寸系统发生关联。不适用于一般的平面图轴网，常用于立面、剖面、详图等个别单独的轴线标注。

（2）命令启动方式

1）屏幕菜单：单击【轴网柱子】→【单轴标注】启动命令。

2）命令行：DZBZ ↙。

（3）操作过程

命令：DZBZ↙

在【单轴标注】对话框中输入相应数值

选择待标注的轴线<退出>:选择要标注的某根轴线或回车退出

8.2.3　轴号的编辑

1. 添补轴号（TBZH）

（1）功能

本命令可在矩形、弧形、圆形轴网中对新增轴线添加轴号，新添轴号成为原有轴网轴号对象的一部分，但不会生成轴线，也不会更新尺寸标注，适合为以其他方式增添或修改轴线后进行的轴号标注。

（2）命令启动方式

1）屏幕菜单：单击【轴网柱子】→【添补轴号】启动命令。

2）命令行：TBZH ↙。

（3）操作过程

命令：TBZH ↙

请选择轴号对象<退出>:（选择与新轴号相邻的已有轴号对象，不要选择原有轴线）

请选择新轴号的位置或 [参考点(R)]<退出>:光标位于增添轴号的一侧,同时键入轴间距

新增轴号是否双侧标注?(Y/N) [Y]:（根据要求键入 Y 或 N，为 Y 时两端标注轴号）

新增轴号是否为附加轴号?(Y/N) [N]：Y（根据要求键入 Y 或 N，为 N 时其他轴号重排，Y 时不重排）

2. 删除轴号（SCZH）

（1）功能

本命令用于在平面图中删除个别不需要轴号的情况，被删除轴号两侧的尺寸应并为一个尺寸，可根据需要决定是否调整轴号，可框选多个轴号一次删除。

（2）命令启动方式

1）屏幕菜单：单击【轴网柱子】→【删除轴号】启动命令。

2）常用快捷功能按钮：单击常用快捷功能按钮中的 ⊤ 按钮启动命令。

3）命令行：SCZH ↙。

（3）操作过程

命令：SCZH ↙

TDELLABEL 请框选轴号对象<退出>:（使用窗选方式 选择多个需要删除的轴号）

是否重排轴号?(Y/N) [Y]：（根据要求键入 Y 或 N，为 Y 时其他轴号重排，N 时不重排）

8.2.4　柱子的创建

1. 标准柱（BZZ）

（1）功能

在轴线的交点或任何位置插入矩形柱、圆柱或正多边形柱，后者包括常用的三、五、

六、八、十二边形断面，同时还包括创建异形柱的功能。

（2）命令启动方式

1）屏幕菜单：单击【轴网柱子】→【标准柱】启动命令。

2）命令行：BBZ ✓。

（3）操作过程

命令：BBZ ✓

选择菜单命令后，显示对话框，在选择不同形状后会根据不同形状，显示对应的参数输入，如图 8.13 所示。在根据图 8.14 提示放置标准柱。

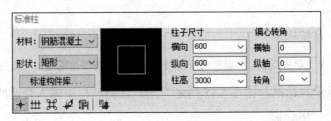

图 8.13

图 8.14

图 8.13 所示对话框控件的说明如下：

- 材料：从下拉列表中选择材料，柱子与墙之间的连接形式以两者的材料决定，目前包括砖、石材、钢筋混凝土或金属，默认为钢筋混凝土。
- 形状：设定柱截面形状，列表框中有矩形、圆形、正三角形等柱截面，选择任一种类型成为选定类型。
- 标准构件库：从柱构件库中取得预定义柱的尺寸和样式。
- 柱子尺寸：柱子的边长参数，因柱子形状不同需要输入的参数会有差异。
- 偏心转角：柱子的旋转角度。在矩形轴网中以 X 轴为基准线；在弧形、圆形轴网中以环向弧线为基准线，以逆时针为正，顺时针为负自动设置。
- 点选插入柱子：以指定插入点的方式插入柱子，如果键入定位方式热键，图中处于拖动状态的柱子会发生改变。
- 沿一根轴线布置柱子：沿指定轴线在轴线的交点布置柱子。
- 指定的矩形区域内的轴线交点插入柱子：在指定矩形区域内，沿着轴线的交点布置柱子。
- 替换图中已插入的柱子：用当前设定的柱子替换图中已经插入的柱子。
- 选择 PLine 线创建异形柱：可以将用 PLine 线条创建的图形转换为柱子。
- 在图中拾取形状或已有柱子：可以在图中拾取已有的形状或柱子作为当前要绘制的柱子。

2. 角柱（JZ）

（1）功能

在墙角插入轴线和形状与墙一致的角柱，可修改各分肢长度及宽度，宽度默认居中，高度为当前层高。生成的角柱与标准柱类似，每一边都有可调整长度和宽度的夹点，可以方便按要求修改。

（2）命令启动方式

1）屏幕菜单：单击【轴网柱子】→【角柱】启动命令。

2）命令行： JZ ∠ 。

（3）操作过程

启动命令后，系统提示：

请选择墙角或 [参考点(R)]<退出>:（选择要创建角柱的墙角或键入 R 定位）

选择墙角后显示对话框，如图 8.15 所示。用户在对话框中输入合适的参数。

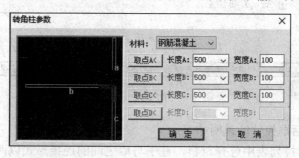

图 8.15

转角柱对话框控件的说明如下：

● 材料：从下拉列表中选择材料，柱子与墙之间的连接形式以两者的材料决定，目前包括砖、石材、钢筋混凝土或金属，默认为钢筋混凝土。

● 长度：其中旋转角度在矩形轴网中以 X 轴为基准线；在弧形、圆形轴网中以环向弧线为基准线，以逆时针为正，顺时针为负自动设置。

● 取点 X<：单击【取点 X<】按钮，可通过在屏幕上取点的方式输入长度参数。

● 宽度：柱子各分肢的宽度，默认等于墙宽，改变柱宽后默认对中变化，若要求偏心变化可在完成后以夹点修改，如图 8.16 所示。

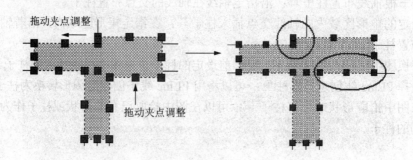

图 8.16

3．构造柱(GZZ)

（1）功能

本命令在墙角交点处或墙体内插入构造柱，依照所选择的墙角形状为基准，输入构造柱的具体尺寸，指出对齐方向，默认为钢筋混凝土材质，仅生成二维对象。目前，本命令还不支持在弧墙交点处插入构造柱。

（2）命令启动方式

1）屏幕菜单：单击【轴网柱子】→【构造柱】启动命令。

2）命令行：　GZZ ✓。

（3）操作过程

启动命令后，系统提示：

请选择墙角或 ［参考点(R)］<退出>:选择要创建角柱的墙角或键入 R 定位

选择墙角后显示如图 8.17 所示对话框，在其中输入参数，并选择构造柱要对齐的墙边。参数输入完毕后，选择"确定"，所选构造柱即插入图中。

对话框控件的说明：

- A-C 尺寸：沿着 A-C 方向的构造柱尺寸，在本软件中尺寸数据可超过墙厚。
- B-D 尺寸：沿着 B-D 方向的构造柱尺寸。
- A/C 与 B/D：对齐边的互锁按钮，用于对齐柱子到墙的两边。

如需修改长度与宽度，可通过夹点拖动调整，如图 8.18 所示。

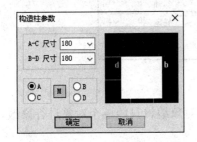

图 8.17　　　　　　　　　　　　　　　图 8.18

8.2.5　柱子的编辑

1．柱子替换（ZZTH）

（1）功能

本命令将柱子边与指定墙边对齐，可一次选多个柱子一起完成墙边对齐，其条件是各柱都在同一墙段，且对齐方向的柱子尺寸相同。

（2）命令启动方式

屏幕菜单：单击【轴网柱子】→【标准柱】→【替换图中已插入的柱子】按钮 ✈ 启动命令，如图 8.19 所示。

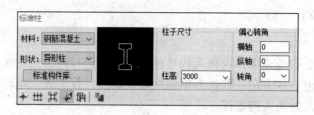

图 8.19

（3）操作过程

命令启动后，输入新的柱子数据。

命令行显示：

> TINSCOLU 选择被替换的柱子:用两点框选多个要替换的柱子区域或者直接选择要替换的个别柱子均可

2. 柱子编辑（ZZBJ）

双击要替换的柱子，即可显示出对象编辑对话框，与标准柱对话框类似，如图 8.20 所示。

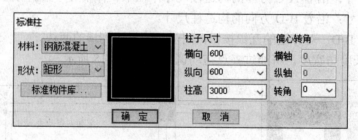

图 8.20

修改参数后，单击【确定】即可更新所选的柱子，但对象编辑只能逐个对象进行修改，如果要一次修改多个柱子，就应该使用特性编辑功能了。

3. 柱齐墙边（ZQQB）

（1）功能

本命令用于替换已有柱子。

（2）命令启动方式

1）屏幕菜单：单击【轴网柱子】→【柱齐墙边】按钮启动命令。

2）命令行：ZQQB ✓。

【例 8.4】将图 8.21 中的柱子与墙边对齐。

启动命令后，系统提示：

> 请选择墙边<退出>:点取作为柱子对齐基准的墙边
> 选择对齐方式相同的多个柱子<退出>:选择柱子
> 选择对齐方式相同的多个柱子<退出>: ✓（结束选择）
> 请选择柱边<退出>:选择柱子的对齐边

请选择墙边<退出>：重选作为柱子对齐基准的其他墙边或者回车退出命令

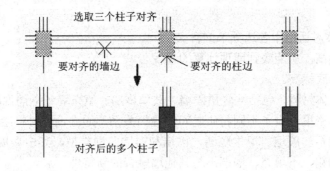

图 8.21

任务 8.3 墙体和门窗

8.3.1 墙体创建

1. 绘制墙体（HZQT）

（1）功能

本命令可直接使用"直墙""弧墙""矩形布置"三种方式绘制墙体对象，墙线相交处自动处理，墙宽随时定义、墙高随时改变，在绘制过程中墙端点可以回退，用户使用过的墙厚参数在数据文件中按不同材料分别保存。

（2）命令启动方式

1）屏幕菜单：单击【墙体】→【绘制墙体】按钮启动命令。

2）命令行： HZQT ✓。

（3）操作过程

在对话框中选择要绘制墙体的左右墙宽组数据，选择一个合适的墙基线方向，然后单击下面的工具栏图标，在"直墙""弧墙""矩形布置"三种绘制方式中选择其中之一，进入绘图区绘制墙体，出现如图 8.22 所示对话框。

图 8.22

同时命令行提示：

起点或 [参考点 (R)]<退出>：可在屏幕上任意选择一点

直墙下一点或 [弧墙（A）矩形画墙（R）闭合（C）回退（U）]<另一段>：输入距离或直接选择一点指定第二点

直墙下一点或 [弧墙（A）矩形画墙（R）闭合（C）回退（U）]<另一段>：输入距离或直接选择一点指定第三点✓

……

直墙下一点或[弧墙（A）矩形画墙（R）闭合（C）回退（U）]<另一段>：输入距离或直接选择一点指定第 N 点↙

（4）绘制墙体对话框中各选项卡的含义

- 高度：墙高，从墙底到墙顶计算的高度。
- 底高：墙底标高。
- 材料：墙体材料，包括从轻质隔墙、玻璃幕墙、填充墙到钢筋混凝土共八种材质，按材质的密度预设了不同材质之间的遮挡关系，通过设置材料绘制玻璃幕墙。
- 用途：包括一般墙、卫生隔断、虚墙和矮墙四种类型，其中矮墙是新添的类型，具有不加粗、不填充、墙端不与其他墙融合的新特性。
- 左宽/右宽：指沿墙体定位点顺序，基线左侧和右侧部分的宽度，其中左宽(内宽)、右宽（外宽）都可以是正数，也可以是负数或零。下部的"左""中""右""交换"按钮可以改变墙线与基线的位置关系。

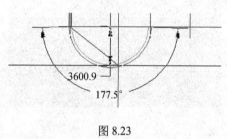

图 8.23

【例8.5】绘制图 8.23 所示墙体。

在对话框中输入所有尺寸数据后，单击【绘制弧墙】工具栏图标，命令行显示：

起点或 [参考点(R)]<退出>：给出弧墙起点

弧墙终点或[直墙(L)/矩形画墙(R)]<取消>：给出弧墙终点

选择弧上任意点或 [半径(R)]<取消>：(输入弧墙基线上任意一点或键入 R 指定半径)

2. 等分加墙（DFJQ）

（1）功能

本命令用于在已有的大房间按等分的原则划分出多个小房间，将一段墙纵向等分，垂直方向加入新墙体，同时新墙体延伸到给定边界。

（2）命令启动方式

1）屏幕菜单：在天正屏幕菜单中选择"墙体"→"等分加墙"命令。

2）命令行：DFJQ ↙。

（3）操作过程

启动命令后，系统提示：

选择等分所参照的墙段<退出>：选择要准备等分的墙段，随即显示对话框如图 8.24 所示。

选择作为另一边界的墙段<退出>：选择与要准备等分的墙段相对的墙段为边界绘图

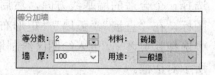

图 8.24

3. 单线变墙（DXBQ）

（1）功能

本命令有两个功能：一是将 LINE、ARC、PLINE 绘制的单线转为墙体对象，其中墙体的基线与单线相重合；二是在基于设计好的轴网创建墙体，然后进行编辑，创建墙体后仍保留轴线，智能判断清除轴线的伸出部分。

（2）命令启动方式

1）屏幕菜单：单击【墙体】→【单线变墙】
按钮启动命令。

2）命令行：DXBQ ✓。

（3）操作过程

启动命令后，出现如图 8.25 所示对话框。

输入参数，同时系统提示：

图 8.25

　　选择要变成墙体的直线圆弧或多段线：选择需要
变成墙体的直线

■ 小贴士 ■

选中【轴网生墙】时，需要选择轴线图层上的线。需要把其他图层的任意一根直线变
墙时，则需要点选对话框中的【单线变墙】。

8.3.2　墙体编辑

1. 倒墙角（DQJ）

（1）功能

本命令功能与 AutoCAD 的圆角（Fillet）命令相似，用于处理两段不平行的墙体的端
头交角，使两段墙以指定圆角半径进行连接，圆角半径按墙中线计算，使用时需注意如下
几点。

1）当圆角半径不为 0 时，两段墙体的类型、总宽和左右宽（两段墙偏心）必须相同，
否则不进行倒角操作。

2）当圆角半径为 0 时，自动延长两段墙体进行连接，此时两墙段的厚度和材料可以不
同，当参与倒角的两段墙平行时，系统自动以墙间距为直径加弧墙连接。

3）在同一位置不应反复进行半径不为 0 的圆角操作，再次圆角前应先把上次圆角时创
建的圆弧墙删除。

（2）命令启动方式

1）屏幕菜单：单击【墙体】→【倒墙角】按钮启动命令。

2）命令行：DQJ✓。

【例 8.6】对图 8.26 中文印室的左下角外墙进行倒墙角处理，倒角半径为 600mm。

系统提示及操作如下：

　　命令行：DQJ✓
　　选择第一段墙或［设圆角半径（R），当前=0］<退出>：R✓
　　请输入圆角半径<0>：600✓
　　选择第一段墙或［设圆角半径（R），当前=600］<退出>：选择第一段墙线
　　选择另一段墙或［设圆角半径（R），当前=600］<退出>：选择第二段墙线

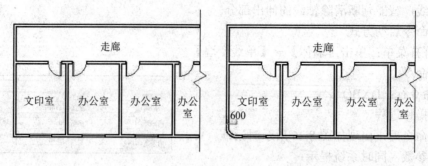

图 8.26

2. 倒斜角(DXJ)

（1）功能

本命令功能与 AutoCAD 的倒角（Chamfer）命令相似，用于处理两段不平行的墙体的端头交角，使两段墙以指定倒角长度进行连接，倒角距离按墙中线计算。

（2）命令启动方式

1）屏幕菜单：单击【墙体】→【倒斜角】按钮启动命令。

2）命令行：DXJ↙。

【例 8.7】 对图 8.27 中墙角进行斜墙角处理，第一个倒角距离为 600mm，第二个倒角距离为 300mm。

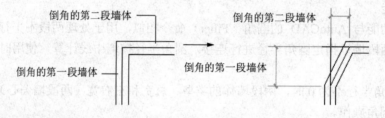

图 8.27

系统提示及操作如下：

命令行：DXJ↙

选择第一段斜墙或[设距离（D），当前距离 1=0，距离 2=0]<退出>：R↙

指定第一个倒角距离<0>：600↙

指定第二个倒角距离<0>：300↙

选择第一段直墙或[设定距离（D），当前距离 1=600，距离 2=300]<退出>：选择第一段墙体

选择令一段直墙<退出>：选择第二段墙体

3. 墙柱保温层

（1）功能

本命令可在图中已有的墙段上加入或删除保温层线。遇到门，该线自动打断，遇到窗，自动把窗厚度增加。

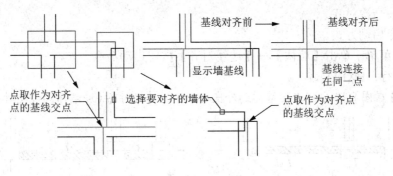

图 8.28

（2）命令启动方式

屏幕菜单：单击【墙体】→【墙柱温层】按钮启动命令。

（3）命令行各选项含义

缺省方式为"逐段选择"，输入"I"或"E"，则提示选择外墙(系统自动排除内墙)，对选中外墙的内侧或外侧加保温层线。运行本命令前，应已做过内外墙的识别操作。输入"T"可以改变保温层厚度，键入"D"删除指定位置的保温层，取代以前的【消保温层】命令。

【例 8.8】在图 8.29 中画出外墙保温层，保温层的厚度为 60mm。

系统提示及操作如下：

启动命令

TADDINSULATE 指定墙、柱、墙体造型保温一侧或[外墙内侧(I)/外墙外侧(E)/消保温层(D)/保温层厚(当前=80)(T)]〈退出〉：T↙

TADDINSULATE 保温层厚〈80〉：60↙

TADDINSULATE 指定墙、柱、墙体造型保温一侧或[外墙内侧(I)/外墙外侧(E)/消保温层(D)/保温层厚(当前=60)(T)]〈退出〉：选择墙做保温的一侧，每次处理一个墙段

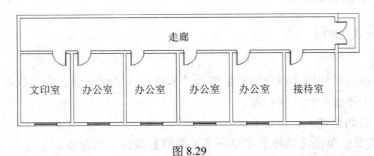

图 8.29

4. 边线对齐（BXDQ）

（1）功能

本命令用来对齐墙边，并维持基线不变，边线偏移到给定的位置。也就是维持基线位置和总宽不变，通过修改左右宽度达到边线与给定位置对齐的目的。通常用于处理墙体与某些特定位置的对齐，特别是墙边和柱边的边线对齐。墙体与柱子的关系并非都是中线对中线，要把墙边与柱边对齐。有两个途径：一是直接用基线对齐柱边绘制；二是先不考虑对齐，而是先沿轴线绘制墙体，待绘制完毕后用该命令处理。后者可以把同一延长线方向

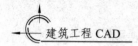

上的多个墙段一次对齐。

（2）命令启动方式

1）屏幕菜单：单击【墙体】→【边线对齐】按钮启动命令。

2）命令行：BXDQ ↙。

【例 8.9】在图 8.30 中将左图墙体的外皮与柱子的外皮对齐（即墙体的外皮对齐到 P 点）。

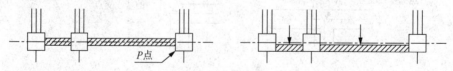

图 8.30

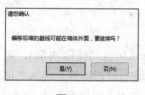

图 8.31

系统提示及操作如下：

　　命令行：BXDQ ↙

　　TALIGNWALL 请点取墙边应通过的点或[参考点（R）]<退出>：取墙体边线通过的一点（如图中 P 点）

　　TALIGNWALL 请点取一段墙<退出>：选中墙体边线，出现如图 8.31 所示对话框，单击"是"

■ 小贴士

1）墙体移动后，墙端与其他构件的连接在命令结束后自动处理。

2）边线对齐命令并没有改变墙体的位置（即基线的位置），而是改变基线到两边线的距离（即左、右墙宽）。

8.3.3　墙体编辑工具

1．改墙厚（GQH）

（1）功能

单段墙修改墙厚使用【对象编辑】即可，本命令按照墙基线居中的规则批量修改多段墙体的厚度，但不适合修改偏心墙。

（2）命令启动方式

1）屏幕菜单：单击【墙体】菜单→【改墙厚】按钮启动命令。

2）命令行：GQH↙。

（3）操作过程

　　命令：GQH↙

　　请选择墙体：选择要修改的一段或多段墙体

　　新的墙宽<120>：输入新墙宽值，选中墙段按给定墙宽修改，并对墙段和其他构件的连接处进行处理

2. 改外墙厚（GWQH）

（1）功能

用于整体修改外墙厚度，执行本命令前应先识别外墙，否则无法找到外墙。

（2）命令启动方式

1）屏幕菜单：单击【墙体】菜单→【墙体工具】→【改外墙厚】按钮启动命令。

2）命令行：GWQH ↙。

（3）操作过程

> 命令：GWQH↙
> 请选择外墙：光标框选墙体，只有外墙亮显
> 内侧宽<120>：输入外墙基线到外墙内侧边线距离
> 外侧宽<240>：输入外墙基线到外墙外侧边线距离

3. 改高度（GGD）

（1）功能

本命令可对选中的柱、墙体及其造型的高度和底标高成批进行修改，是调整构件竖向位置的主要方法。修改底标高时，门窗底的标高可以和柱、墙联动修改。

（2）命令启动方式

1）屏幕菜单：单击【墙体】菜单→【墙体工具】→【改高度】按钮启动命令。

2）命令行：GGD ↙

（3）操作过程

> 命令：GGD↙
> 选择墙体、柱子或墙体造型：选择需要修改的图形对象
> 新的高度<3000>：输入新的对象高度
> 新的标高<0>：输入新的对象底面标高(相对于本层楼面的标高)
> 是否维持窗墙底部间距不变?(Y/N) [N]：输入 Y 或 N，认定门窗底标高是否同时修改

响应完毕后，选中的柱、墙体及造型的高度和底标高按给定值修改。如果墙底标高不变，窗墙底部间距无论输入 Y 或 N 都没有关系；如果墙底标高改变，就会影响窗台的高度。例如，底标高原来是 0，新的底标高是–450，当以 Y 响应时，各窗的窗台相对墙底标高高度维持不变，但从立面图看，窗台随墙下降了 450；当以 N 响应，窗台高度相对于底标高间距会相应改变，而从立面图看窗台却没有下降，详见图 8.32 所示。

4. 改外墙高（GWQG）

（1）功能

该命令与"改高度"命令类似，只是仅对外墙有效。运行该命令前，应已作过内外墙的识别操作。此命令通常用在无地下室的首层平面，把外墙从室内标高延伸到室外标高。

（2）命令启动方式

1）屏幕菜单：单击【墙体】菜单→【墙体工具】→【改外墙高】按钮启动命令。

2）命令行：GWQG ↙。

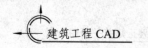

（3）操作过程

与"改高度"命令类似。

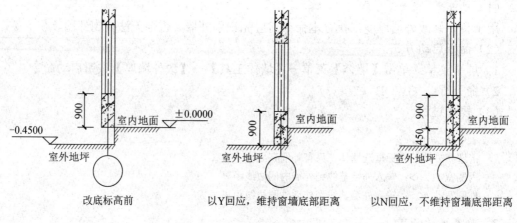

| 改底标高前 | 以Y回应，维持窗墙底部距离 | 以N回应，不维持窗墙底部距离 |

图 8.32

5. 平行生线

（1）功能

该命令类似偏移复制命令"offset"，生成一条与墙线（分侧）平行的曲线，也可以用于柱子，生成与柱子周边平行的一圈抹灰线。

（2）命令启动方式

1）屏幕菜单：单击【墙体】菜单→【墙体工具】→【平行生线】按钮启动命令。

2）命令行：PXSX ✓。

（3）操作过程

命令：PXSX✓

请选择墙体一侧<退出>：单击墙体的内皮或外皮

输入偏移距离<100>：输入墙皮到线的净距

该命令可以用来生成依靠墙边或柱边定位的辅助线，如抹灰线、勒脚线等。图 8.33 为用该命令生成外墙勒脚的情况。

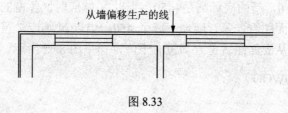

图 8.33

8.3.4 门窗创建

门窗是天正建筑软件中的核心对象之一，类型、形式丰富，通常大部分门窗都使用矩形标准洞口，并且在一段墙或多段相邻墙内连续插入，规律明显。创建这类门窗，需要在墙上确定门窗的位置。

　　该命令提供了多种定位方式，以便用户快速在墙内确定门窗的位置。动态输入方式，在拖动定位门窗的过程中按<Tab>键可切换门窗定位的当前距离参数，键盘直接输入数据进行定位，适用于在各种门窗定位方式中混合使用，如图 8.34 所示。

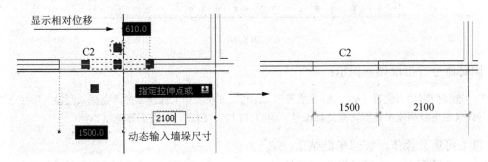

图 8.34

1. 普通门窗（MC）

（1）功能

　　普通门、普通窗、弧窗、凸窗和矩形洞等定位方式基本相同，因此用该命令可创建这些门窗类型。本节以普通门为例，对门窗的创建方法作深入的介绍。

　　门窗参数对话框下有一工具栏，分隔条左边是定位模式图标，右边是门窗类型图标，对话框上是待创建门窗的参数，如图 8.35 所示。由于门窗界面是"无"模式对话框，单击工具栏图标选择门窗类型以及定位模式后，即可按系统提示进行交互插入门窗，从编号列表中选择"自动编号"，系统会按洞口尺寸自动给出门窗编号。

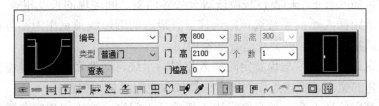

图 8.35

■ **小贴士**

　　在弧墙上使用普通门窗插入时，若门窗的宽度大，弧墙的曲率半径小，这时插入失败，可改用弧窗类型。

（2）命令启动方式

1）屏幕菜单：单击【门窗】菜单→【门窗】按钮启动命令。

2）命令行：MC✔。

（3）操作过程

　　启动命令后，出现图 8.36 所示对话框：

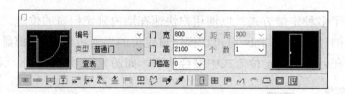

图 8.36

同时命令行出现如下提示：

选择门窗插入位置（shift-左右开）<退出>：[在墙体上选择要插入点插入门窗，按 Shift 键改变开向（在下拉列表中根据需要选择编号、类型、门宽、门高、门槛高等选项）]

以上可重复操作，按回车键结束。

（4）对话框中定位模式图标的说明

● 自由插入▥：可在墙段的任意位置插入，其特点是速度快但不易准确定位，通常用在方案设计阶段。以墙中线为分界，内外移动光标可控制内外开启方向，按 Shift 键控制左右开启方向，单击墙体后，门窗的位置和开启方向将完全确定。

● 顺序插入▤：以位置较近的墙边端点或基线端为起点，按给定距离插入选定的门窗。此后顺着前进方向连续插入，插入过程中可以改变门窗类型和参数。沿着弧墙顺序插入时，门窗按照墙基线弧长进行定位。

● 轴线等分插入▦：将一个或多个门窗等分插入到两根轴线间的墙段等分线中间，如果墙段内没有轴线，则该侧按墙段基线等分插入。

● 墙段等分插入▣：与轴线等分插入相似，该命令在一个墙段上按墙体较短的一侧边线，插入若干个门窗，按墙段等分使各门窗之间墙垛的长度相等。

● 垛宽定距插入▣：系统选择距选择位置最近的墙边线顶点作为参考点，按指定垛宽距离插入门窗。该命令适合插室内门。

● 轴线定距插入▣：与垛宽定距插入相似，系统自动搜索距离选择位置最近的轴线与墙体的交点，将该点作为参考位置按预定距离插入门窗。

● 按角度定位插入▣：该命令只用于弧墙插入门窗，按给定角度在弧墙上插入直线型门窗。

● 满墙插入▣：门窗在宽度方向上完全充满一段墙，使用这种方式时，门窗宽度参数由系统自动确定。

● 插入上层门窗▣：在同一个墙体已有的门窗上方再加一个宽度相同、高度不同的窗，这种情况常常出现在高大的厂房外墙中。使用本方式时，注意上层窗的顶标高不能超过墙顶高。

● 门窗替换：用于批量修改门窗，包括门窗类型之间的转换。用对话框内的当前参数作为目标参数，替换图中已经插入的门窗。单击"替换"按钮，对话框右侧出现参数过滤开关。如果不打算改变某一参数，可去除该参数开关的勾选项，对话框中该参数按原图保持不变。例如将门改为窗要求宽度不变，应将宽度开关去除勾选。

【例 8.10】 如图 8.37 所示，利用轴线等分在墙体上等分插入 3 个宽为 1200mm 的窗户。

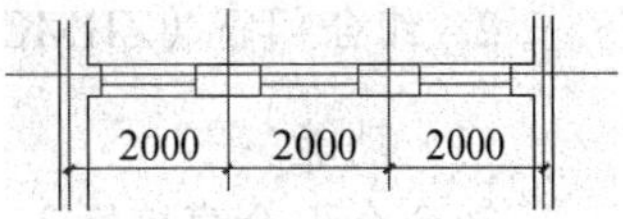

系统提示及操作如下：

命令行：mc ✓

单击"轴线等分插入"按钮 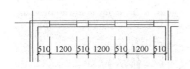，在"窗宽"下拉菜单中选择 1200

TOPENING 点取门窗大致的位置和开向(Shift－左右开)<退出>：在插入门窗的墙段上任取一点，该点相邻的轴线亮显

TOPENING 指定参考轴线[S]/门窗或门窗组个数（1~3）<1>：3✓

TOPENING 点取门窗大致的位置和开向(Shift－左右开)<退出>：按 ESC 键退出

图 8.37

【例 8.11】 如图 8.38 所示，利用墙段等分在墙体上等分插入 3 个宽为 1200mm 的窗户。

系统提示及操作如下：

命令行：mc ✓

单击"墙段等分插入"按钮，在"窗宽"下拉菜单中选择 1200。

图 8.38

TOPENING 点取门窗大致的位置和开向(Shift－左右开)<退出>：在插入门窗的墙段上任取一点，该点相邻的轴线亮显

TOPENING 门窗或门窗组个数（1~3）<1>：3✓

TOPENING 点取门窗大致的位置和开向(Shift－左右开)<退出>：按 ESC 键退出

【例 8.12】 如图 8.39 所示，插入 1800mm 宽的平开双扇门，使其左侧门垛宽为 240mm。

系统提示及操作如下：

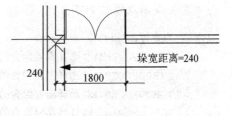

命令行：mc ✓

先单击"插门"按钮，然后单击标准构件库，选择双扇门，单击"垛宽定距插入"按钮，在"门宽"下拉菜单中选择 1800；在"距离"下拉菜单中选择 240

图 8.39

TOPENING 点取门窗大致的位置和开向(Shift－左右开)<退出>：在插入门窗的墙段上靠左的位置任取一点。

TOPENING 点取门窗大致的位置和开向(Shift－左右开)<退出>：按 ESC 键退出

【例 8.13】 如图 8.40 所示，插入 1800mm 宽的平开双扇门，使其距离左侧墙体轴线宽为 360mm。

系统提示及操作如下：

命令行：mc ✓

单击【轴线定距插入】按钮，在"门宽"下拉菜单中选择 1800；在"距离"下拉菜单中选择 360

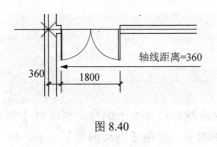

TOPENING 点取门窗大致的位置和开向(Shift－左右开)<退出>：在插入门窗的墙段上靠左的位置任取一点

图 8.40

TOPENING 点取门窗大致的位置和开向(Shift－左右开)<退出>：按 ESC 键退出

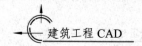

2. 组合门窗（ZHMC）

（1）功能

该命令不会直接插入一个组合门窗，而是把使用"门窗"命令插入的多个门窗组合为一个整体的"组合门窗"，组合后的门窗按一个门窗编号进行统计，且无法对其中的个体进行编辑；多数组合门窗由一窗一门或两窗一门组成。

（2）命令启动方式

1）屏幕菜单：单击【门窗】菜单→【组合门窗】按钮启动命令。

2）命令行：ZHMC ✓

【例 8.14】如图 8.41 所示，将 2 个"平开窗 C-1"和一个"平开门 M-1"组合成编号为"MC-1"的组合门窗。

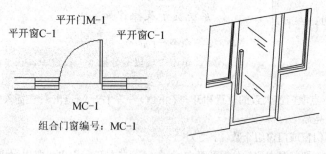

图 8.41

系统提示及操作如下：

命令行：ZHMC ✓
TGROUPOPENING 选择需要组合的门窗和编号文字:选择要组合的第一个门窗
TGROUPOPENING 选择需要组合的门窗和编号文字:选择要组合的第二个门窗
TGROUPOPENING 选择需要组合的门窗和编号文字:选择要组合的第三个门窗
TGROUPOPENING 选择需要组合的门窗和编号文字: ✓
TGROUPOPENING 输入编号:MC-1✓

组合门窗命令不会自动对各子门窗的高度进行对齐，修改组合门窗时临时分解为子门窗，修改后重新进行组合。该命令用于绘制复杂的门连窗与子母门，简单的情况可直接绘制，不必使用组合门窗命令。

8.3.5 门窗编号及门窗表

1. 门窗编号（MCBH）

（1）功能

该命令可以生成或者修改门窗编号，根据普通门窗的洞口尺寸大小编号，也可以【删除/隐去】已经编号的门窗。转角窗和带形窗按默认规则编号，使用【自动编号】选项，可以不需要样板门窗，键入"S"直接按照洞口尺寸自动编号 。

如果更改编号范围内的门窗没有进行编号，会出现选择要修改编号的样板门窗的提示，该命令每一次执行只能对同一种门窗进行编号，因此只能选择一个门窗作为样板，多选后会要求逐个确认，将参数相同的门窗编为同一个号，如果以前这些门窗有该类编号，即使删除编号，也会提供默认的门窗编号值。

（2）命令的启动方式

1）屏幕菜单：单击【门窗】菜单→【门窗编号】按钮启动命令。

2）命令行：MCBH ✓。

（3）操作过程

1）对没有编号的门窗自动编号。

启动命令后，系统提示：

> 请选择需要改编号的门窗的范围:用 AutoCAD 的任何选择方式选择门窗编号范围
> 请选择需要改编号的门窗的范围:回车结束选择
> 请选择需要修改编号的样板门窗或 [自动编号(S)]:指定某一个门窗作为样板门窗，与其同尺寸

和类型的门窗编号相同或者键入 S 自动编号

> 请输入新的门窗编号(删除名称请输入 NULL)<M1521>:根据门窗洞口尺寸自动按默认规则编

号，也可以输入其他编号如 M1

2）对已经编号的门窗重新编号。

启动命令后，系统提示：

> 请选择需要改编号的门窗的范围:用 AutoCAD 的任何选择方式选择门窗编号范围
> 请选择需要改编号的门窗的范围:回车结束选择
> 请输入新的门窗编号(删除编号请输入 NULL)<M1521>:（将原有门窗编号作为默认值，输入新

编号或者 NUL 删除原有编号）

■ 小贴士

转角窗的默认编号规则为 ZJC1、ZJC2、…，带形窗为 DC1、DC2、…由用户根据具体情况自行修改。

2. 门窗表（MCB）

（1）功能

该命令用于统计本图中使用的门窗参数，检查后生成传统样式门窗表或者符合《建筑工程设计文件编制深度规定》（2016）样式的标准门窗表，各设计单位自己可以根据需要定制自己的门窗表格入库。

（2）命令的启动方式

1）屏幕菜单：单击【门窗】菜单→【门窗表】按钮启动命令。

2）命令行：MCB ✓。

（3）操作过程

启动命令后，系统提示：

> 请选择当前层门窗:全选图形或框选需统计的部分楼层平面图
> 请点取门窗表位置(左上角点)<退出>:在屏幕上合适的位置单击

系统自动插入门窗表。

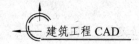

任务 *8.4* 房 间 布 置

卫生间布置
（视频）

8.4.1 布置洁具

1. 功能

该命令按选择的洁具类型不同，沿天正建筑墙体对象等距离布置卫生洁具等设施。本软件的洁具是从洁具图库中调用的二维天正图块对象，其他辅助线采用了 AutoCAD 的普通对象，在 TArch 2014 中支持洁具沿弧墙布置，洁具布置默认参数依照国家标准《民用建筑设计通则》（GB 50352—2005）中的规定。

2. 命令启动方式

1）屏幕菜单：单击【房间屋顶】→【房间布置】→【布置洁具】按钮启动命令。

2）命令行：BZJJ ✓。

启动命令后，显示洁具图库，如图 8.42 所示。

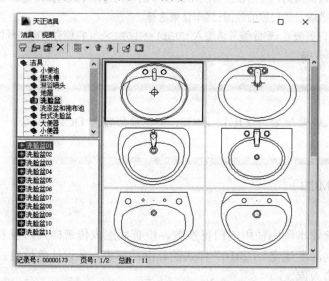

图 8.42

本对话框为专用的洁具图库，操作与天正通用图库管理界面类似。

3. 操作过程

选择不同类型的洁具后，系统自动给出与该类型相适应的布置方法。在预览框中双击所需布置的卫生洁具，根据弹出的对话框和系统提示在图中布置洁具，并按照布置方式分类。

【例 8.15】参考图 8.43，沿背景墙设置卫生洁具。

启动命令：

1）在"天正洁具"图库中双击所需布置的卫生洁具，屏幕弹出相应的布置洁具对话框如图 8.44 所示。

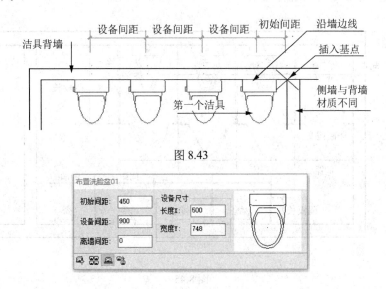

图 8.43

图 8.44

2）单击【沿墙内侧边线布置】图标 。

请选择沿墙边线<退出>:在洁具背墙内皮上，靠近初始间距的一端取点
请插入第一个洁具[插入基点(B)]<退出>:在第一个洁具的插入位置附近给点
下一个<结束>:在洁具增加方向取点
……
下一个<结束>:洁具插入完成后回车结束

8.4.2 布置隔断

1. 功能

该命令通过两点选择已经插入的洁具，布置卫生间隔断，要求先布置洁具才能执行，隔板与门采用了墙对象和门窗对象，支持对象编辑；墙类型由于使用卫生隔断，隔断内的面积不参与房间划分与面积计算。

2. 命令启动方式

1）屏幕菜单：单击【房间屋顶】→【房间布置】→【布置隔断】按钮启动命令。
2）命令行：BZGD ↙。

3. 操作过程

启动命令后，系统提示：

输入一直线来选洁具，起点:选择靠近端墙的洁具外侧
终点:第二点过要布置隔断的一排洁具另一端
隔板长度<1200>:键入新值或回车用默认值
隔断门宽<600>:键入新值或回车用默认值

命令执行结果：生成宽度等于洁具间距的卫生间，如图8.45所示；然后通过"内外翻转""门口线"等命令对门进行修改。

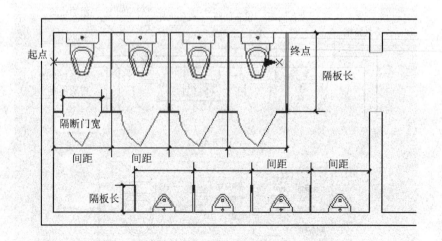

图8.45

8.4.3 布置隔板

1. 功能

通过两点选择已经插入的洁具，主要用于小便器之间的隔板。

2. 命令启动方式

1）屏幕菜单：单击【房间屋顶】→【房间布置】→【布置隔断】按钮启动命令。

2）命令行：BZGB ↙。

3. 操作过程

启动命令后，系统提示：

输入一直线来选洁具，起点：选择靠近端墙的洁具外侧
终点：第二点过要布置隔断的一排洁具另一端
隔板长度<400>：键入新值或回车用默认值

任务 *8.5* 楼梯和电梯

8.5.1 直线楼梯

1. 功能

该命令在对话框中输入梯段参数绘制直线梯段，可以单独使用或用于组合复杂楼梯与

坡道，用【添加扶手】命令可以为梯段添加扶手，对象编辑显示上下剖断后重生成(Regen)，添加的扶手能随之切断。

2. 命令启动方式

1）屏幕菜单：单击【楼梯其他】菜单→【直线梯段】按钮启动命令。

2）命令行：　ZXTD ✓。

3. 操作过程

启动命令后，显示对话框如图 8.46 所示。

在对话框中输入参数后，拖动光标到绘图区，系统提示：

　　　　选择位置或(转 90 度(A)/左右翻(S)/上下翻(D)/对齐(F)/改转角(R)/改基点(T)]<退出>：选择梯段的插入位置和转角插入梯段

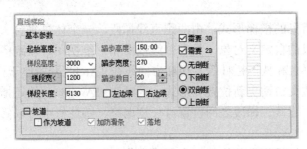

图 8.46

4. 对话框控件的说明

● 梯段宽：梯段宽度，该项为按钮项，可在图中选择两点获得梯段宽，也可以直接输入数值确定梯段宽度。

● 起始高度：相对于本楼层地面起算的楼梯起始高度，梯段高以此算起。

● 梯段长度：其数值等于直段楼梯的踏步宽度×(踏步数目－1)。

● 梯段高度：直段楼梯的总高，始终等于踏步高度的总和，如果梯段高度被改变，自动按当前踏步高调整踏步数，最后根据新的踏步数重新计算踏步高。

● 踏步高度：输入一个概略的踏步高设计初值，系统经过计算确定踏步高的精确值。由于踏步数目是整数，梯段高度是一个给定的整数，因此踏步高度并非总是整数。

● 踏步数目：该项可直接输入或者步进调整，由梯段高和踏步高概略值推算取整获得，同时修正踏步高，也可改变踏步数，与梯段高一起推算踏步高。

● 踏步宽度：楼梯段的每一个踏步板的宽度。

● 剖断设置：包括无剖断、下剖断、双剖断和上剖断四种设置。

● 作为坡道：勾选此复选框，踏步作防滑条间距，楼梯段按坡道生成。有【加防滑条】和【落地】复选框。

直线梯段为自定义的构件对象，因此具有夹点编辑的特征，同时可以用【对象编辑】重新设定参数。

直线梯段的绘图实例如图 8.47 所示。

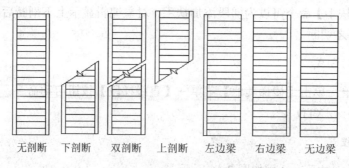

无剖断　下剖断　双剖断　上剖断　左边梁　右边梁　无边梁

图 8.47

8.5.2　双跑楼梯

1. 功能

双跑楼梯是最常见的楼梯形式，由两跑直线梯段、一个休息平台、一个或两个扶手和一组或两组栏杆构成的自定义对象，具有二维视图和三维视图。双跑楼梯可分解为基本构件，即直线梯段、平台和扶手栏杆等，楼梯方向线在 TArch8 开始属于楼梯对象的一部分，方便随着剖切位置改变自动更新位置和形式，同时在 TArch8 开始还增加了扶手的伸出长度、扶手与平台是否连接。梯段之间位置可任意调整、特性栏中可以修改楼梯方向线的文字等新功能。

双跑楼梯对象内包括常见的构件组合形式变化，如是否设置两侧扶手、中间扶手、在平台是否连接、设置扶手伸出长度、有无梯段边梁(尺寸需要在特性栏中调整)、休息平台是半圆形或矩形等，尽量满足建筑的个性化要求。

2. 命令启动方式

1）屏幕菜单：单击【楼梯其他】→【双跑楼梯】按钮启动命令。

2）命令行：SPLT ✓。

3. 操作过程

启动命令后，显示【双跑楼梯】对话框。单击对话框中【其他参数】前面的按钮⊞，可以进行"扶手高度"等其他参数设置，如图 8.48 所示。

在确定楼梯参数和类型后即可把鼠标拖到作图区插入楼梯，系统提示：

选择位置或 [转 90 度(A)/左右翻(S)/上下翻(D)/对齐(F)/改转角(R)/改基点(T)]<退出>：
键入关键字改变选项，给点插入楼梯

选择插入点后在平面图中插入双跑楼梯。

■ **小贴士**

对于三维视图，不同楼层的扶手是不一样的，其中顶层楼梯实际上只有扶手，而没有梯段。

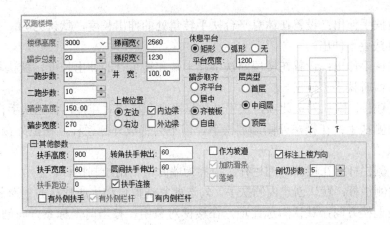

图 8.48

4. 对话框控件的说明

- 梯间宽：双跑楼梯的总宽，单击其按钮可从平面图中直接量取楼梯间净宽作为双跑楼梯总宽。
- 梯段宽：单段梯段宽度，默认宽度或由总宽计算，可直接输入数值，也可单击按钮从平面图中量取。
- 楼梯高度：双跑楼梯的总高，默认自动取当前层高值，对相邻楼层高度不等时应按实际情况调整。
- 井宽：设置梯井宽参数，井宽＝梯间宽－(2×梯段宽)，最小井宽可以等于 0。
- 踏步总数：默认踏步总数 20，是双跑楼梯的关键参数。
- 一跑步数：以踏步总数推算一跑与二跑步数，总数为奇数时先增二跑步数。
- 二跑步数：二跑步数默认与一跑步数相同，两者都允许用户修改。
- 踏步高度：用户可先输入大约的初始值，由楼梯高度与踏步数推算出最接近初值的设计值，推算出的踏步高有均分的舍入误差。
- 踏步宽度：踏步沿梯段方向的宽度，是用户优先决定的楼梯参数，但在勾选"作为坡道"后，仅用于推算防滑条宽度。
- 休息平台：有矩形、弧形、无三种选项，在非矩形休息平台时，可以选无平台，以便用户用平面功能设计休息平台。
- 平台宽度：按建筑设计规范，休息平台的宽度应大于梯段宽度，在选弧形休息平台时应修改宽度值，最小值不能为零。
- 扶手高宽：默认值分别为 900 高，60×100 的扶手断面尺寸。
- 踏步取齐：两跑楼梯中踏步的对齐方式。有"齐平台""居中""齐楼板""自由"4 种对齐方式。可在对话框中设置，也可以通过拖动夹点任意调整两梯段之间的位置，此时踏步取齐方式为"自由"。
- 层类型：楼梯所在的层类型。楼梯位于首层时只给出一跑的下剖断，位于中间层时为双剖断，位于顶层时无剖断。
- 扶手距边：扶手距离梯井的位置。在 1∶100 图上一般取 0，在 1∶50 详图上应标以实际值。

- 转角扶手伸出：设置在休息平台扶手转角处的伸出长度，默认为 60，为 0 或者负值时扶手不伸出。
- 层间扶手伸出：设置在楼层间扶手起末端和转角处的伸出长度，默认 60，为 0 或者负值时扶手不伸出。
- 扶手连接：默认勾选此项，扶手过休息平台和楼层时连接，否则扶手在该处断开。
- 有外侧扶手：在楼梯外侧添加扶手，但不会生成外侧栏杆，在室外楼梯时需要选择该项。
- 有外侧栏杆：在楼梯外侧栏杆，边界为墙时常不用绘制栏杆。
- 有内侧栏杆：默认创建内侧扶手，勾选此复选框自动生成默认的矩形截面竖栏杆。
- 标注上楼方向：默认勾选此项，在楼梯对象中，按当前坐标系方向创建标注上楼下楼方向的箭头和"上""下"文字。
- 剖切步数（高度）：作为楼梯时按步数设置剖切线中心所在位置，作为坡道时按相对标高设置剖切线中心所在位置，如图 8.49 所示。
- 作为坡道：勾选此复选框，楼梯段按坡道生成，对话框中会显示出如"单坡长度" 单坡长度：2700 的编辑框，可以输入坡道的相关参数。
- 单坡长度：勾选作为坡道后，显示此编辑框，在这里输入其中一个坡道的长度即可，但精确值依然受踏步数×踏步宽度的制约。

双跑楼梯为自定义对象，可以通过拖动夹点进行编辑，也可以双击楼梯进入对象编辑重新设定参数。

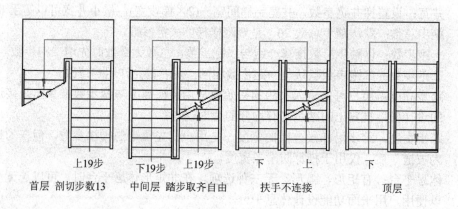

图 8.49

8.5.3 电梯

1. 功能

本命令创建的电梯图形包括轿厢、平衡块和电梯门，其中轿厢和平衡块是二维线对象，电梯门是天正门窗对象；绘制条件是每一个电梯周围已经由天正墙体创建了封闭房间作为电梯井，如要求电梯井贯通多个电梯，应临时加虚墙分隔。电梯间一般为矩形，梯井宽为开门侧墙长。

2．命令启动方式

1）屏幕菜单：单击【楼梯其他】→【电梯】按钮启动命令。

2）命令行： DT✓。

3．操作过程

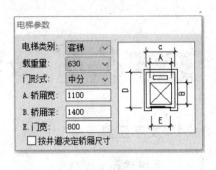

图 8.50

启动命令后，打开【电梯参数】对话框，如图 8.50 所示。

在对话框中设定电梯类型、载重量，门形式、门宽、轿厢宽、轿厢深等参数。其中电梯类别分别有客梯、住宅梯、医院梯、货梯四种，每种电梯形式均有已设定好的设计参数，输入参数后按系统提示执行命令，不必关闭对话框。

【例 8.16】如图 8.51 为某高层住宅的交通核部分，请在"电梯"上方绘制一个"消防及担架电梯"，要求门宽为 1000mm，开向合用前室，平衡块在右侧，轿厢深为 1400mm，宽为 1500mm。

启动命令：

在给出的"电梯参数"对话框中修改参数。轿厢宽：1500，轿厢深：1400，门宽：1000。

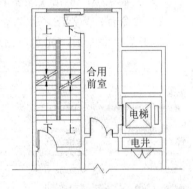

图 8.51

TELEVATOR 请给出电梯间的一个角点或 [参考点(R)]<退出>：选择第一角点

TELEVATOR 再给出上一角点的对角点：选择第二角点

TELEVATOR 请点取开电梯门的墙线<退出>：选择开门墙线

TELEVATOR 请点取平衡块的所在的一侧<退出>：选择平衡块所在的一侧的墙体

TELEVATOR 请点取其他开电梯门的墙线<无>：开双门时可再选另一段墙，如图 8.52 所示右侧电梯，若无则 ESC 键退出

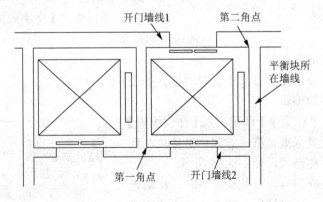

图 8.52

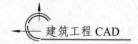

任务 *8.6* 文字和标注

8.6.1 文字工具

1. 文字样式（WZYS）

（1）功能

该命令为天正 CAD 自定义文字样式的组成，设定中西文字体各自的参数。

（2）命令启动方式

1）屏幕菜单：单击【文字表格】→【文字样式】按钮启动命令。

2）命令行：WZYS↙。

单击菜单命令后，显示对话框如图 8.53 所示。

图 8.53

文字样式由分别设定参数的中西文字体或者 Windows 字体组成，由于天正 CAD 扩展了 AutoCAD 的文字样式，可以分别控制中英文字体的宽度和高度，达到文字的名义高度与实际可量度高度统一的目的，字高由使用文字样式的命令确定。

2. 单行文字（DHWZ）

（1）功能

该命令使用已经建立的天正 CAD 文字样式，输入单行文字，可以方便为文字设置上下标、加圆圈、添加特殊符号、导入专业词库等内容。

（2）命令启动方式

1）屏幕菜单：单击【文字表格】→【单行文字】按钮启动命令。

2）命令行：DHWZ↙。

启动命令后，显示【单行文字】对话框，如图 8.54 所示。

（3）单行文字的编辑

双击图上的【单行文字】即可进入【在位编辑】状态，直接在图上显示编辑框，方向总是按从左到右的水平方向，方便修改，如图 8.55 所示。

在需要使用特殊符号、专业词汇等时，移动光标到编辑框外右击，即可调用单行文字的快捷菜单进行编辑，使用方法与对话框中的工具栏图标完全一致，如图 8.56 所示。

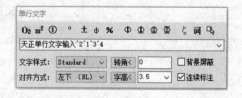

图 8.54

双击进入
在位编辑

图 8.55

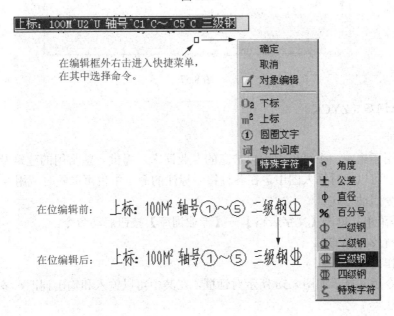

在编辑框外右击进入快捷菜单，
在其中选择命令。

在位编辑前：

在位编辑后：

图 8.56

3. 多行文字(DHWZ)

（1）功能

本命令使用已经建立的天正 CAD 文字样式，按段落输入多行中文文字，可以方便设定页宽与回车位置，并可随时拖动夹点改变页宽。

（2）命令启动方式

1）屏幕菜单：单击【文字表格】→【多行文字】按钮启动命令。

2）命令行：DHWZ✓。

单击菜单命令后，显示对话框如图 8.57 所示。

输入文字内容编辑完毕以后，单击【确定】按钮完成多行文字输入。该命令的自动换行功能适合输入以中文为主的设计说明文字。

（3）多行文字的编辑

多行文字对象设有两个夹点，左侧的夹点用于整体移动，而右侧的夹点用于拖动改变段落宽度，当宽度小于设定时，多行文字对象会自动换行，而最后一行的结束位置由该对象的对齐方式决定。通过右键菜单进入在位编辑功能。

多行文字的编辑考虑到排版的因素影响，推荐使用双击进入【多行文字】对话框进行编辑，而不推荐使用【在位编辑】。

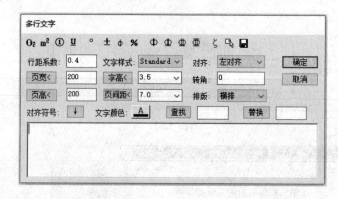

图 8.57

4. 专业词库（ZYCK）

（1）功能

该命令用于组织一个可以由用户扩充的专业词库，提供一些常用的建筑专业词汇和多行文字段落，可以随时插入图中，在各种符号标注的命令中也可以随时调用专业词库。

（2）命令启动方式

1）屏幕菜单：单击【文字表格】→【专业词库】按钮启动命令。

2）命令行：ZYCK✓。

（3）操作过程

启动命令后，显示如图 8.58 所示对话框，在其中可以输入和输出词汇、多行文字段落以及材料做法。

选定词汇后，命令行连续提示：

请指定文字的插入点<退出>：（选择文字，一次或多次插入到适当位置）

图 8.58

5. 文字转化（WZZH）

（1）功能

该命令将 AutoCAD 格式的单行文字转化为天正文字，保持原来每一个文字对象的独立性，不对其进行合并处理。

（2）命令启动方式

1）屏幕菜单：单击"文字表格"→"文字转化"命令。

2）命令行：WZZH↙。

（3）操作过程

单击菜单命令后，系统提示：

> 请选择 AutoCAD 单行文字：可以一次选择图上的多个文字串，回车结束命令
> 全部选中的 N 个 AutoCAD 文字成功的转化为天正文字！（系统报告）

本命令对 AutoCAD 生成的单行文字起作用，但对多行文字不起作用。

6．文字合并（WZHB）

（1）功能

该命令将多个单行文字转化为天正多行文字或者单行文字，同时对其中多行排列的多个 text 文字对象进行合并处理，由用户决定生成一个天正多行文字对象还是一个单行文字对象。

（2）命令启动方式

1）屏幕菜单：单击【文字表格】→【文字合并】按钮启动命令。

2）命令行：WZHB ↙。

（3）操作过程

启动命令后，系统提示：

> 请选择要合并的文字段落：一次选择图上的多个文字串↙
> [合并为单行文字(D)]<合并为多行文字>:D
> 移动到目标位置<替换原文字>:拖动合并后的文字段落，到目标位置取点定位

如果是比较长的段落，最好合并为多行文字，否则合并后的单行文字会非常长，在处理设计说明等比较复杂的文字情况下，尽量把合并后的文字移动到空白处，然后使用【对象编辑】功能，检查文字和数字是否正确，同时还要把合并后遗留的多余回车换行符删除，然后再删除原来的段落，移动多行文字取代原来的文字段落。

7．统一字高（TYZG）

（1）功能

该命令涉及 AutoCAD 文字、天正 CAD 文字的文字字高按给定尺寸进行统一。

（2）命令启动方式

1）屏幕菜单：单击【文字表格】→【统一字高】按钮启动命令。

2）命令行：TYZG ↙。

（3）操作过程

启动命令后，系统提示：

> TEQUALTEXTHEIGHT 请选择要修改的文字（AutoCAD 文字，天正 CAD 文字）<退出>：选择要
统一高度的文字↙

TEQUALTEXTHEIGHT 字高() <3.5mm> :（键入新的统一字高↙）

8.6.2 尺寸标注的创建

1. 两点标注（LDBZ）

（1）功能

该命令为两点连线附近有关系的轴线、墙线、门窗、柱子等构件标注尺寸，并可标注各墙中点或者添加其他标注点，"U"热键可撤销上一个标注点。

（2）命令启动方式

1）屏幕菜单：单击【尺寸标注】→【两点标注】命令。

2）命令行： LDBZ ↙

（3）操作过程

启动命令后，系统提示：

起点(当前墙面标注) 或 [墙中标注(C)]<退出>:在标注尺寸线一端选择起始点或键入C进入墙中标注，提示相同

终点<选物体>:在标注尺寸线另一端选择结束点

请选择不要标注的轴线和墙体：（如果要略过其中不需要标注的轴线和墙，这里有机会去掉这些对象）

请选择不要标注的轴线和墙体:回车结束选择

选择其他要标注的门窗和柱子:选择其他墙段上的门窗等图元素

请输入其他标注点[参考点(R)/撤销上一标注点(U)]<退出>:选择其他点

请输入其他标注点[参考点(R)/撤销上一标注点(U)]<退出>:回车结束标注

2. 逐点标注（ZDBZ）

（1）功能

该命令是一个通用的灵活标注工具，对选择的一串给定点沿指定方向和选定的位置标注尺寸。特别适用于没有指定天正对象特征，需要取点定位标注的情况，以及其他标注命令难以完成的尺寸标注。

（2）命令启动方式

1）屏幕菜单：单击【尺寸标注】→【逐点标注】按钮启动命令。

2）命令行： ZDBZ ↙。

（3）操作过程

启动命令后，系统提示：

起点或 [参考点(R)]<退出>:（选择第一个标注点作为起始点）

第二点<退出>:（选择第二个标注点）

请选择尺寸线位置或 [更正尺寸线方向(D)]<退出>:拖动尺寸线，选择尺寸线就位点，或键入"D"选择线或墙对象用于确定尺寸线方向

请输入其他标注点或 [撤销上一标注点(U)]<结束>:逐点给出标注点，并可以回退

请输入其他标注点或 [撤销上一标注点(U)]<结束>:继续取点，以回车结束命令

8.6.3   尺寸标注的编辑

1. 尺寸打断（CCDD）

（1）功能

该命令把整体的天正 CAD 自定义尺寸标注对象在指定的尺寸界线上打断，成为两段互相独立的尺寸标注对象，可以各自拖动夹点、移动和复制。

（2）命令启动方式

1）屏幕菜单：单击【尺寸标注】→【尺寸编辑】→【尺寸打断】按钮启动命令。

2）命令行： CCDD ✓。

【例 8.17】将图 8.59 所示直线打断成为两段。

启动命令，系统提示：

> TDIMBREAK 请在要打断的一侧选择尺寸线<退出>:在要打断的位置选择尺寸线，系统随即打断尺寸线，选择预览尺寸线可见已经是两个独立对象

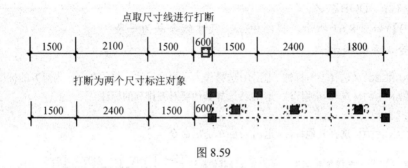

图 8.59

2. 合并区间（HBQJ）

（1）功能

将连续的多个尺寸标注合并为一个。合并区间新增加了一次框选多个尺寸界线箭头的命令交互方式，可大大提高合并多个区间时的效率，该命令可作为"增补尺寸"命令的逆命令使用。

（2）命令的启动方式

1）屏幕菜单：单击【尺寸标注】→【尺寸编辑】→【合并区间】按钮启动命令。

2）命令行： HBQJ ✓。

【例 8.18】如图 8.60 所示，将方框选区间内的尺寸界线箭头进行合并。

启动命令，系统提示：

> TCONBINEDIM 选择待合并的尺寸区间一<退出>:选择 600
> TCONBINEDIM 选择待合并的尺寸区间二<退出>:选择 1500（此时，区间一/区间二已合并为一个区间 2100）

重新启动命令，系统提示：

> TCONBINEDIM 选择待合并的尺寸区间一<退出>:选择 2100（上一步已经合并的）

TCONBINEDIM 选择待合并的尺寸区间二<退出>：（选择 2400）

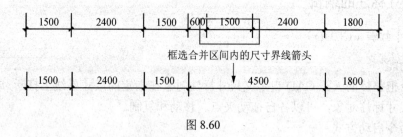

图 8.60

3. 对齐标注（DQBZ）

（1）功能

该命令用于一次按 Y 向坐标对齐多个尺寸标注对象，对齐后各个尺寸标注对象按参考标注的高度对齐排列。

（2）命令启动方式

1）屏幕菜单：单击【尺寸标注】→【尺寸编辑】→【对齐标注】按钮启动命令。

2）命令行：DQBZ ✓。

【例 8.19】如图 8.61 所示，将图中三条尺寸线合并为一条。

启动命令，系统提示：

TARRANGEDIM 选择参考标注<退出>：选择作为样板的标注，它的高度作为对齐的标准

TARRANGEDIM 选择其他标注<退出>：选择其他要对齐排列的标注

……

TARRANGEDIM 选择其他标注<退出>：回车退出命令

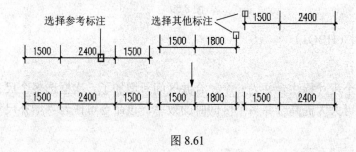

图 8.61

4. 增补尺寸（ZBCC）

（1）功能

该命令在一个天正 CAD 自定义直线标注对象中增加区间，增补新的尺寸界线断开原有区间，但不增加新标注对象，双击尺寸标注对象即可进入此命令。

（2）命令启动方式

1）屏幕菜单：单击【尺寸标注】→【尺寸编辑】→【增补尺寸】按钮启动命令。

2）命令行：ZBCC ✓。

【例 8.20】如图 8.62 所示，将图中左侧尺寸增补为右侧所示。

启动命令，系统提示：

TBREAKDIM 请选择尺寸标注<退出>:选择要在其中增补的尺寸线分段

TBREAKDIM 点取待增补的标注点的位置或 [参考点(R)]<退出>:捕捉选择增补点

TBREAKDIM 点取待增补的标注点的位置或 [参考点(R)撤销上一标注点（U）]<退出>:继续选择增补点

……

TBREAKDIM 点取待增补的标注点的位置或 [参考点(R)撤销上一标注点（U）]<退出>:回车退出命令

执行"增补尺寸"命令添加标注，结果如图 8.62 所示。

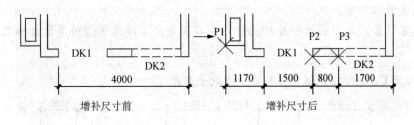

图 8.62

8.6.4　标高标注

1. 功能

本命令在界面中分为两个页面，分别用于建筑和总图标高标注。地坪标高符合总图制图规范的三角形、圆形实心标高符号，提供可选的两种标注排列，标高数字右方或者下方可加注文字，说明标高的类型。标高文字的夹点可以拖动以移动标高文字。

2. 命令启动方式

1）屏幕菜单：单击【符号标注】→【标高标注】按钮启动命令。

2）命令行：　BGBZ ✓。

3. 操作过程

启动命令后，显示对话框如图 8.63 所示。

默认不勾选【手工输入】复选框，自动取光标所在的 Y 坐标作为标高数值，当勾选【手工输入】复选框时，要求在表格内输入楼层标高。

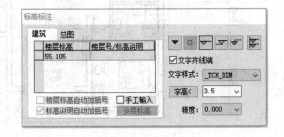

图 8.63

其他参数包括文字样式与字高、精度的设置。上面有五个图标按钮，其中，"实心三角"除了用于总图也用于沉降点标高标注，其他几个按钮可以同时起作用，例如可注写带有"基线"和"引线"的标高符号。此时命令提示选择基线端点，也提示选择引线位置。

清空电子表格的内容，还可以标注用于测绘手工填写用的空白标高符号。

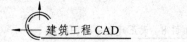

操 作 训 练

1. 文字标注，将下列两条文字说明合为一条

本工程住宅户型按业主要求，以酒店式公寓的使用性质特点确定，即满足商务、度假使用为主，同时满足简单家庭短期居住。因此，厨房只设电磁炉灶，不设煤气灶，满足简单炊事要求，设排烟设备及竖井，开敞或半开敞式布置于户型内区（不临外墙）以争取户内主要功能区域临外墙。

通过热工计算，本工程维护结构的传热系数满足民用建筑保温节能设计标准北京地区实施细则。

2. 用天正 CAD 抄绘训练图 8.1 所示建筑平面图

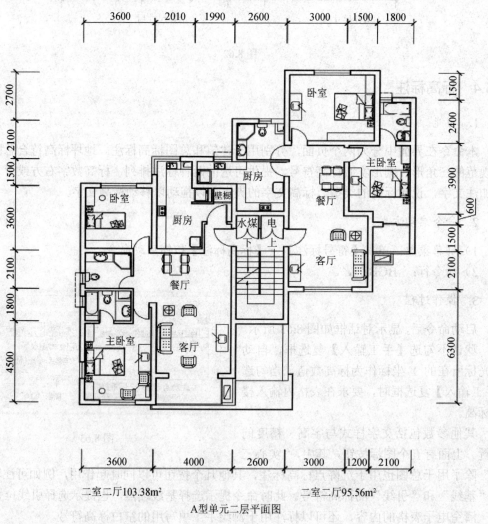

A型单元二层平面图

训练图 8.1

附录一　××办公楼建筑施工图

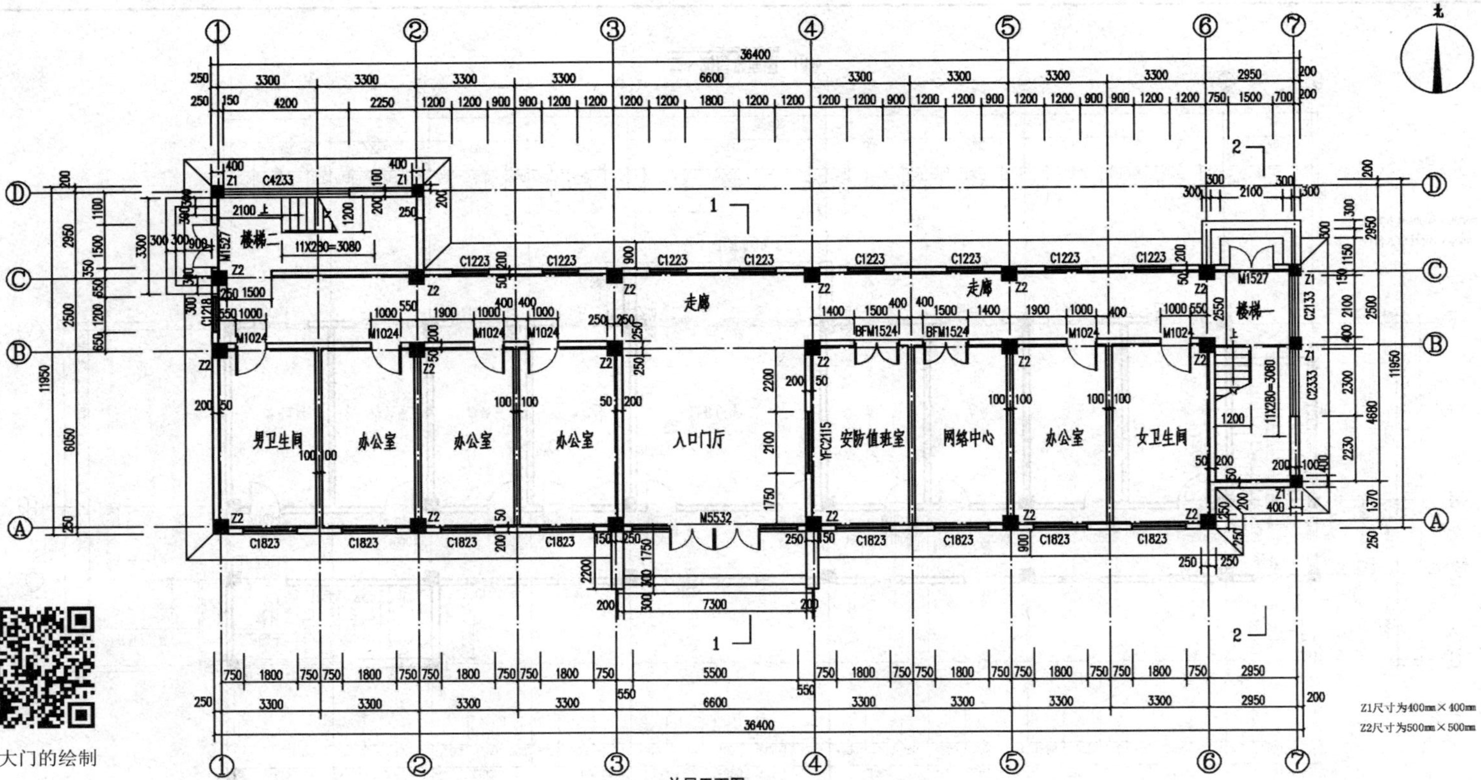
北
36400
走廊
楼梯
男卫生间
办公室
入口门厅
安防值班室
网络中心
女卫生间
Z1尺寸为400mm×400mm
Z2尺寸为500mm×500mm

入口大门的绘制

首层平面图　1:100

××××××××××建筑设计院　证书编号 ××××××××	审　定　人	专业负责人	工程编号	工程名称	图纸名称	首层平面图	图别
	审　核　人	校　对	子项编号	建设单位			图号　建-01
	工程主持人	设计制图					比例
							日期

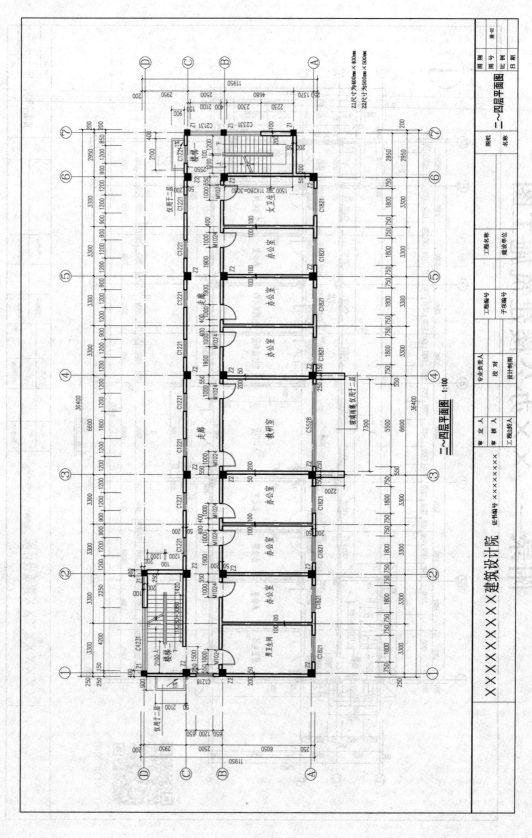

二~四层平面图 1:100

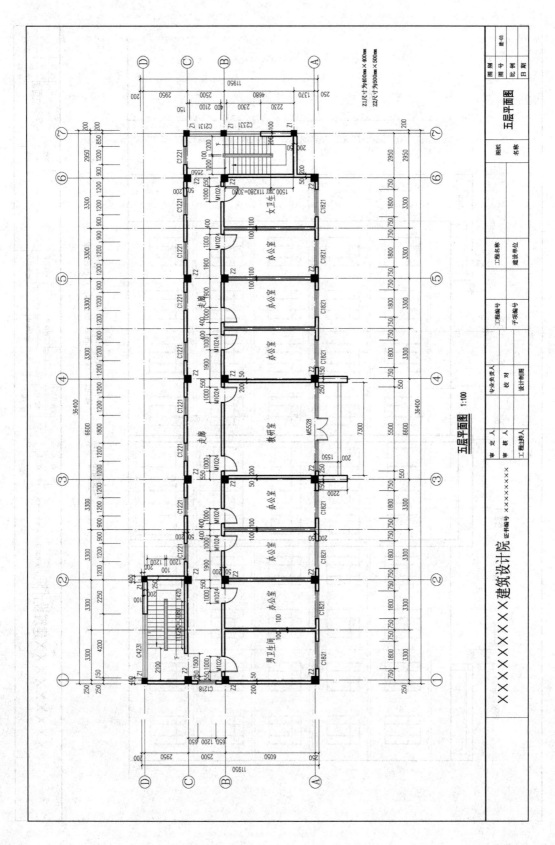

五层平面图 1:100

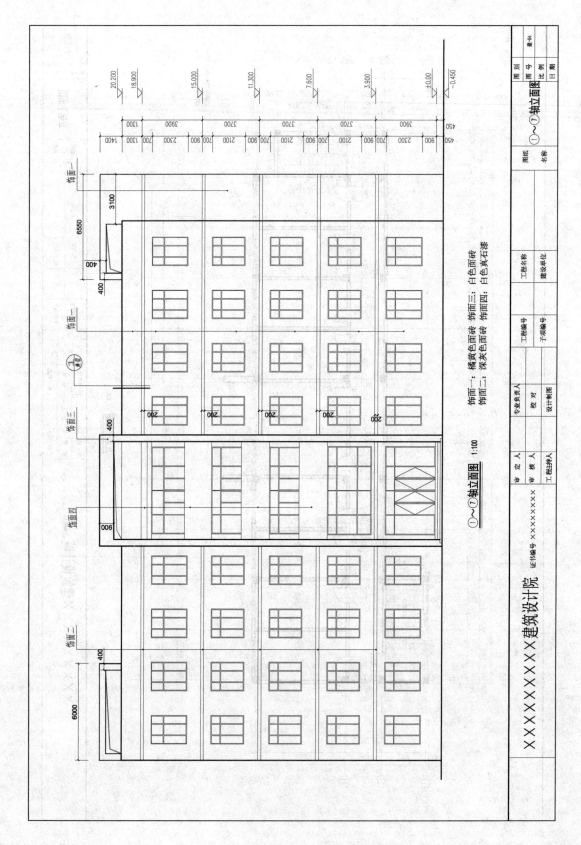

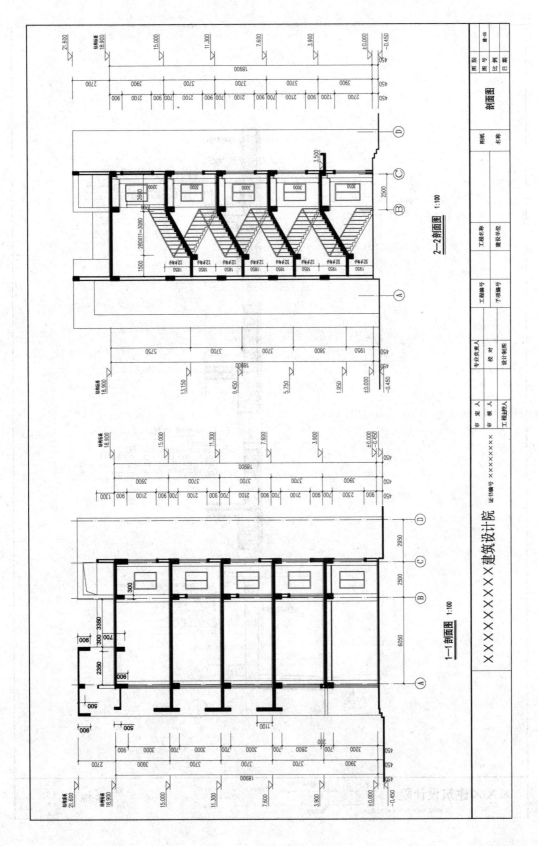

2—2剖面图 1:100

1—1剖面图 1:100

××××××××建筑设计院

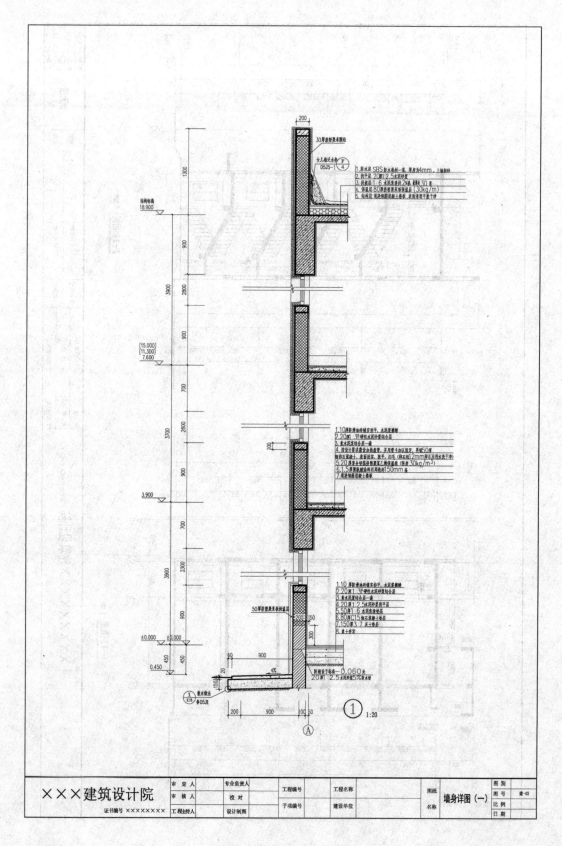

墙身详图（一）

附录二 ××住宅楼建筑施工图

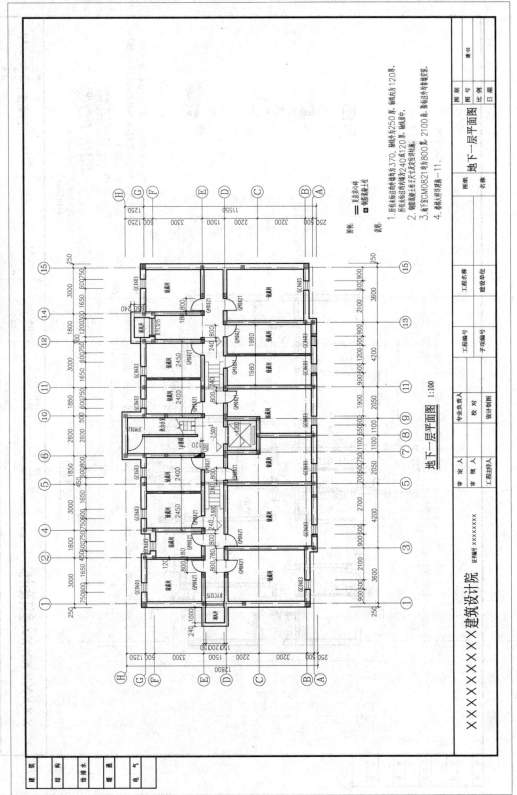

地下一层平面图 1:100

XXXXXXX建筑设计院

说明:
1. 所有未注明外墙均为370，隔墙外为250厚，隔墙内为120厚，隔墙居中。
   所示未标注的墙为240或120厚，隔墙居中。
2. 钢筋混凝土柱子尺寸见结构详图。
3. 地下室GM0821均为800，至2100高，除标注外均为普通墙壁。
4. 楼梯入样见建-11。

图例: ▬▬ 页岩实心砖　▣ 钢筋混凝土柱

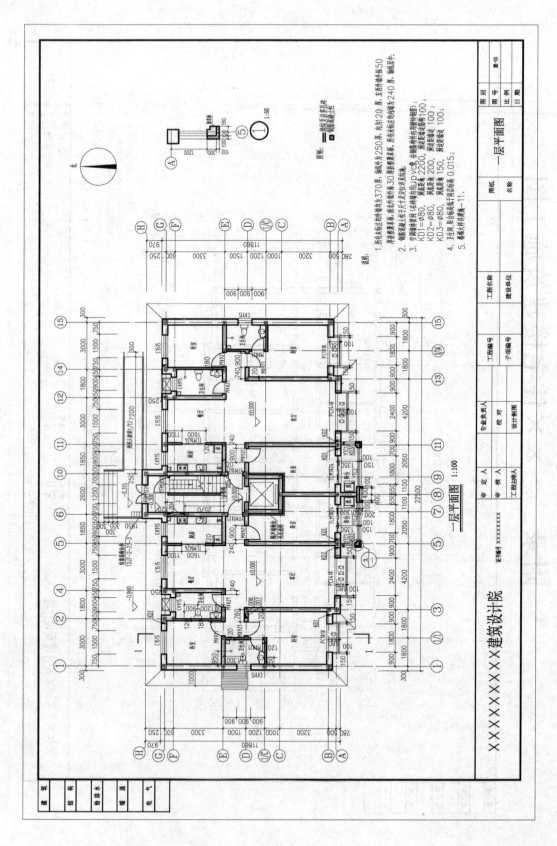

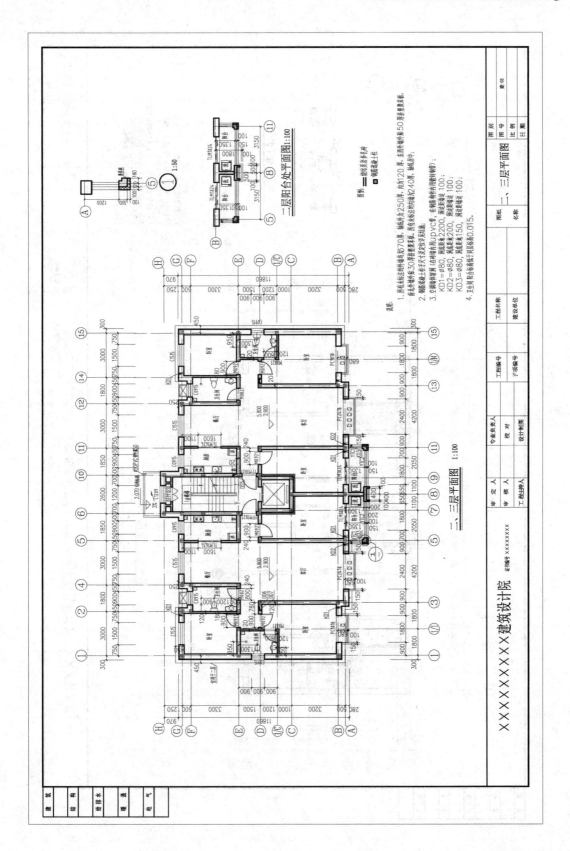

二、三层平面图 1:100

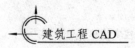

建筑工程CAD

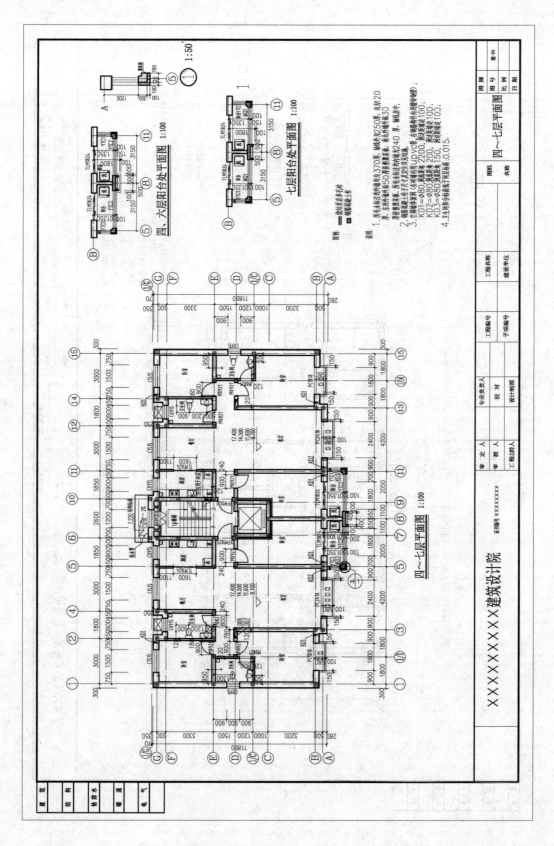

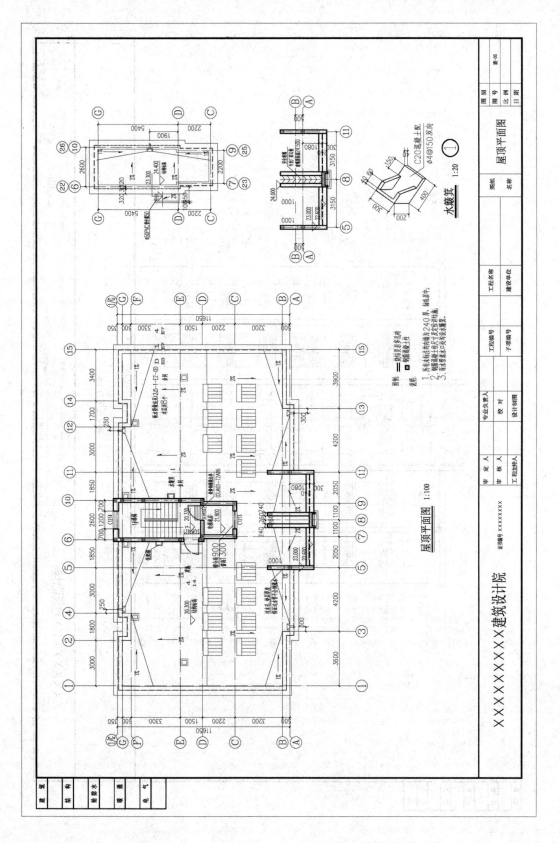

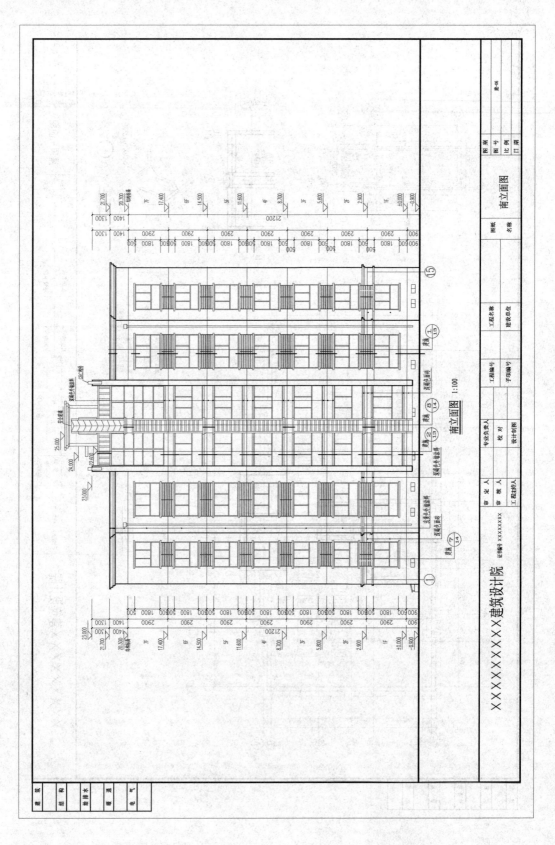

南立面图 1:100

××××××××建筑设计院

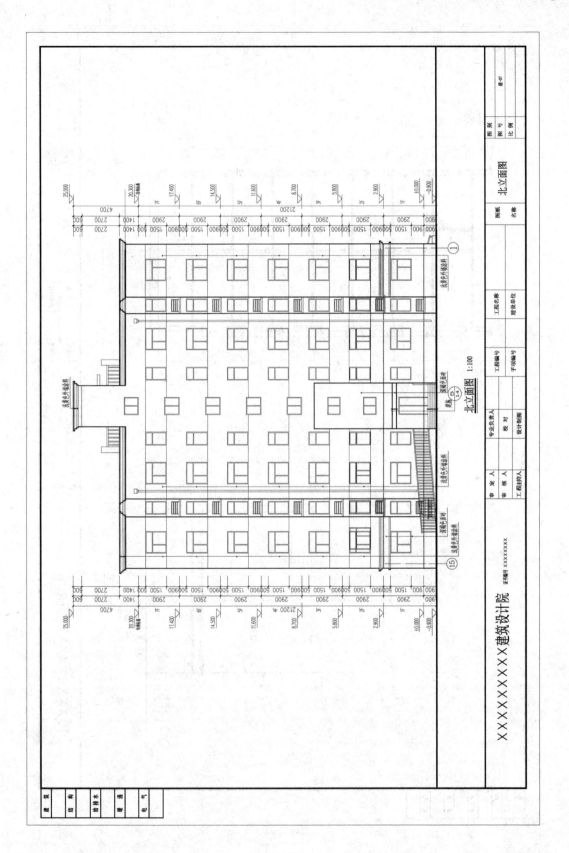

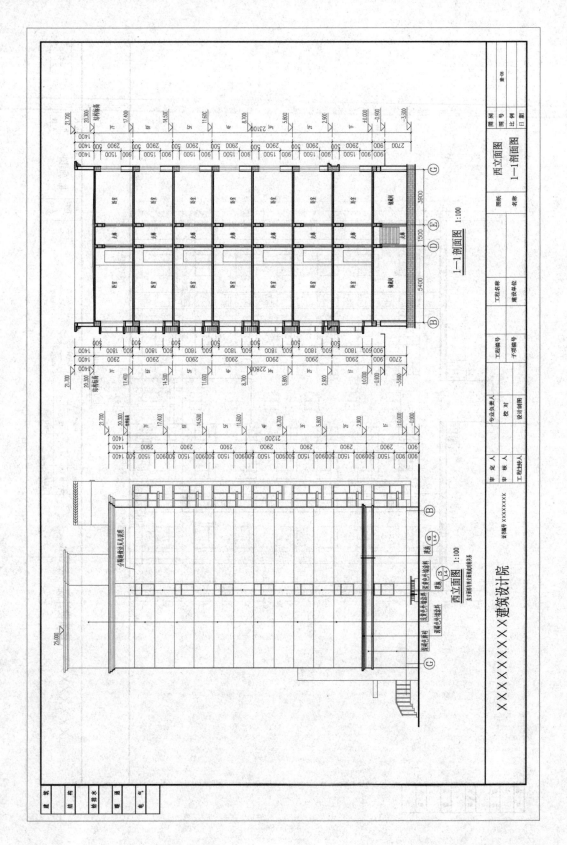

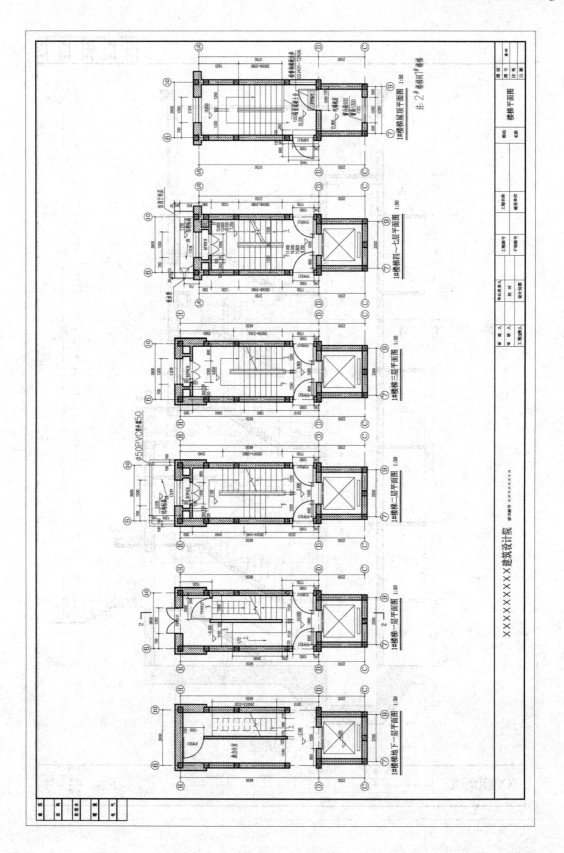

××××××××××建筑设计院

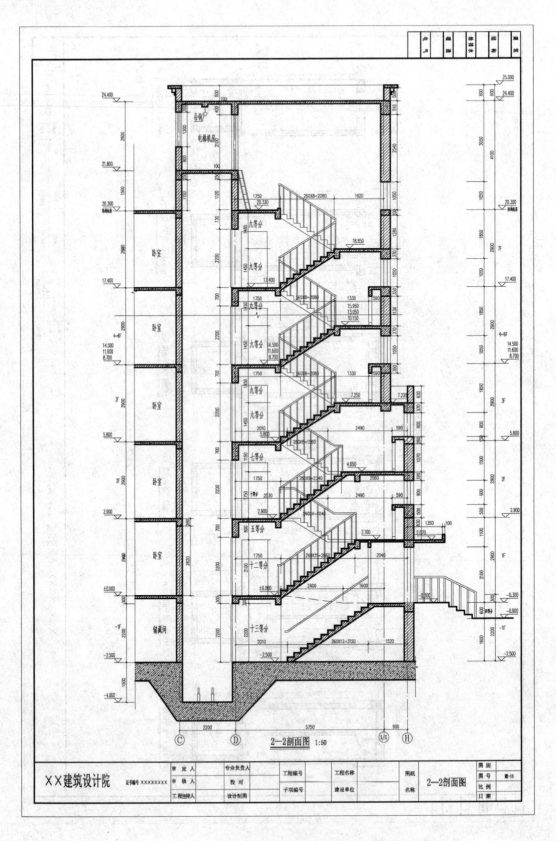

2—2剖面图 1:50

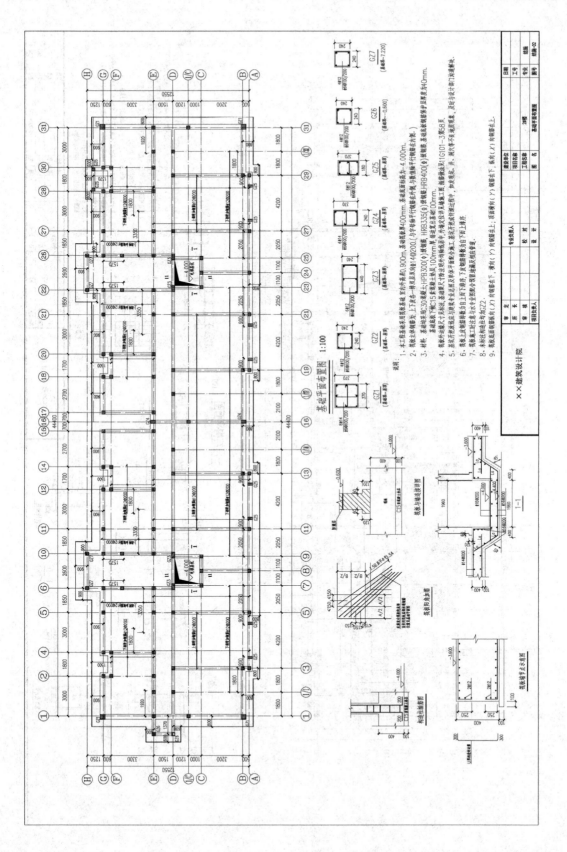

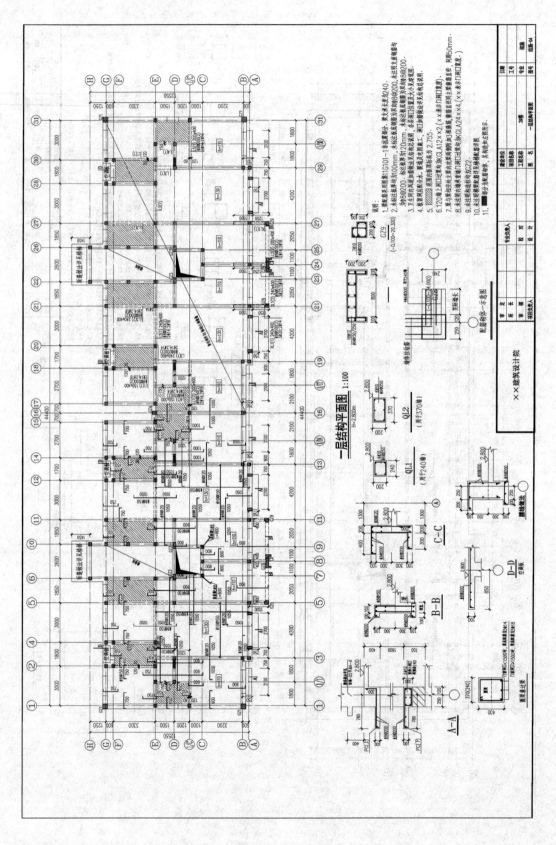

一层结构平面图 1:100

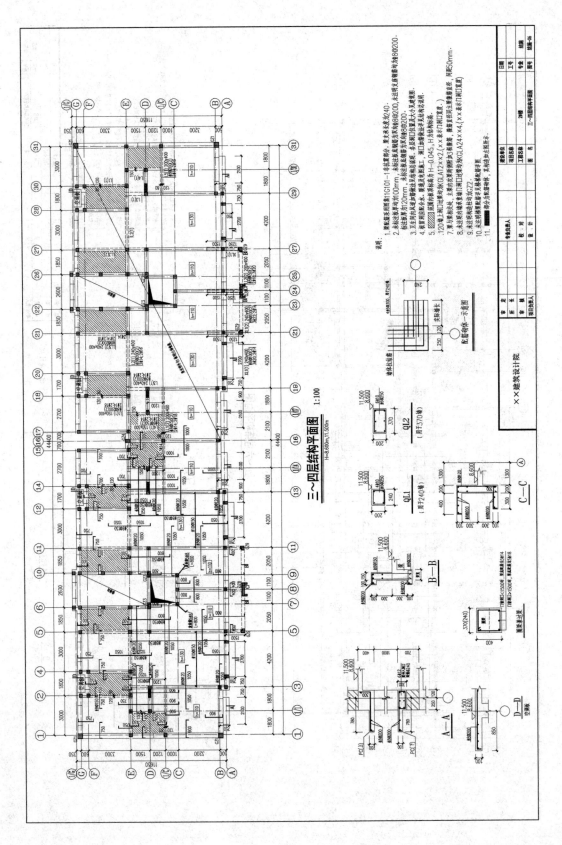

三~四层结构平面图 1:100

H=8.600m,11.500m

建筑工程CAD

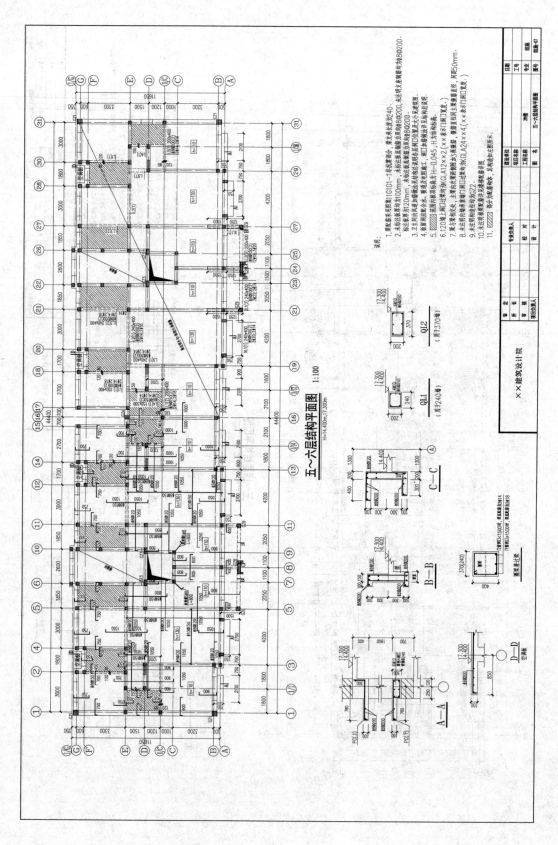

五~六层结构平面图 1:100
H=14.400m,17.300m

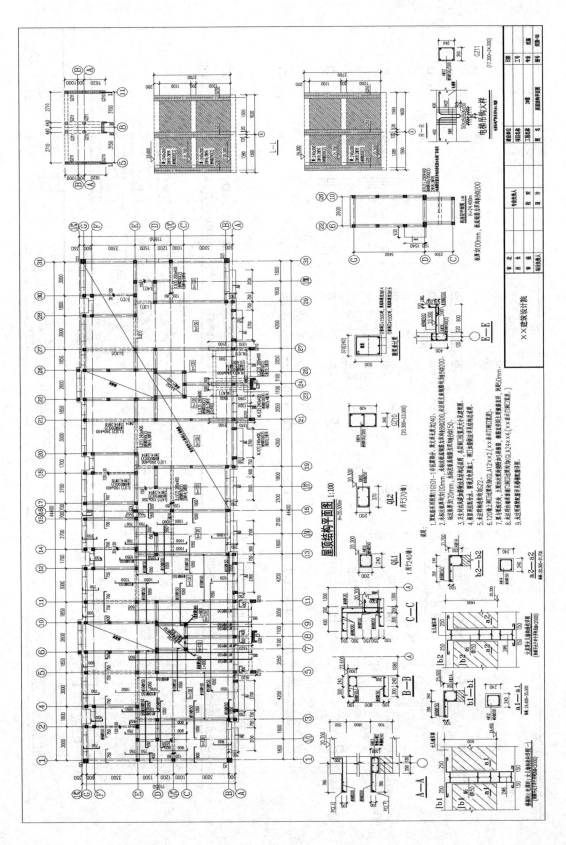

屋顶结构平面图 1:100

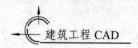

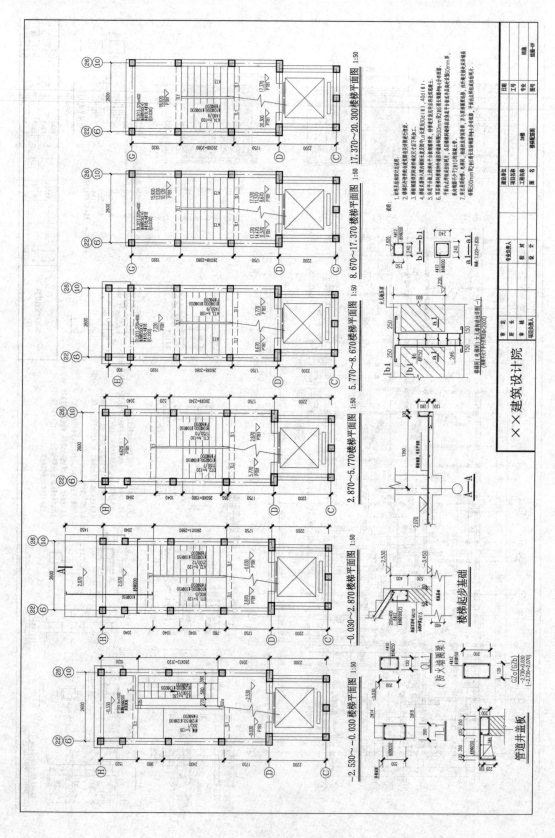

附录三　建筑 CAD 常用简化命令

命令		简化命令	命令		简化命令
圆弧	ARC	A	列表查询	LIST	LS
查询面积	AREA	AA	设置线型	LINETYPE	LT
阵列	ARRAY	AR	线型比例	LTSCALE	LTS
创建图块	BLOCK	B	线宽设置	LWEIGHT	LW
打断	BREAK	BR	移动	MOVE	M
圆	CIRCLE	C	特性匹配	MATCHPROP	MA
倒角	CHAMFER	CHA	定距等分	MEASURE	ME
复制	COPY	CO/CP	查询	MEASUREGEOM	MEA
对齐标注	DIMALIGNED	DAL	镜像复制	MIRROR	MI
角度标注	DIMANGULAR	DAN	多线	MLINE	ML
基线标注	DIMBASELINE	DBA	多行文字	MTEXT	MT
连续标注	DIMCONTINUE	DCO	偏移复制	OFFSET	O
半径标注	DIMDIAMETER	DDI	视图平移	PAN	P
编辑标注	DIMEDIT	DED	多段线	PLINE	PL
直径标注	DIMRADIUS	DRA	打印	PLOT	PLOT
尺寸标注样式	DIMSTYLE	D/DST	点	POINT	PO
查询距离	DIST	DI	正多边形	POLYGON	POL
定数等分	DIVIDE	DIV	重生成	REDRAW	R
圆环	DONUT	DO	矩形	RECTANG	REC
线性标注	DIMLINEAR	DLI	旋转	ROTATE	RO
单行文字	TEXT	DT	拉伸	STRETCH	S
椭圆	ELLIPSE	EL	比例缩放	SCALE	SC
删除	ERASE	E	填充实体	SOLID	SO
延伸	EXTEND	EX	样条曲线	SPLINE	SPL
文字编辑	DDEDIT	ED	文字样式	STYLE	ST
圆角	FILLET	F	修剪	TRIM	TR
图案填充	HATCH	H	写块	WBLOCK	W
插入块	INSERT	I	分解	EXPLODE	X
直线	LINE	L	视图缩放	ZOOM	Z
图层	LAYER	LA			

附录四　教学视频明细

序号	视频名称	所在项目	所在页码	作者
1	二维平面图中点坐标的输入	项目 1　AutoCAD2014 入门	17	房荣敏
2	多线设置	项目 2　AutoCAD 常用绘图命令	40	李彦景
3	多线绘制			
4	矩形阵列	项目 3　AutoCAD 常用修改命令	71	关小燕
5	路径阵列		72	
6	修剪命令		79	
7	拉伸命令		81	
8	文字样式的设置	项目 5　文字标注与尺寸标注	119	
9	文字标注与修改		121	
10	尺寸标注样式的设置		124	
11	直径、半径和角度标注		133	
12	尺寸标注的修改		136	
13	建筑平面图的绘制顺序和设置绘图环境	项目 6　建筑工程施工图的绘制	145	房荣敏
14	绘图比例和图层设置		145	
15	线型比例的调试		146	
16	指北针的绘制		149	
17	轴网的绘制		149	
18	柱子的绘制		150	
19	墙线的绘制		151	
20	门窗的绘制		154	
21	楼梯的绘制		156	
22	台阶的绘制		157	
23	散水的绘制		157	
24	线性标注和连续标注		160	
25	设置打印样式表	项目 7　AutoCAD 图形的输出	189	
26	打印输出		198	
27	卫生间布置	项目 8　天正建筑平面图绘制	228	肖聚贤
28	入口大门的绘制	附录一　××办公楼建筑施工图	245	房荣敏

主要参考文献

陈志民，彭彬全，2013．天正建筑 TArch 2013 课堂实录[M]．北京：清华大学出版社.

李波，王利，2012．TArch 8.5 天正建筑设计从新手到高手[M]．北京：北京希望电子出版社.

李永涛，2012．TArch8.5 天正建筑软件使用手册[M]．北京：人民邮电出版社.

刘宇，2013．AutoCAD 2013 完全自学手册[M]．北京：人民邮电出版社.

王学军，2013．土建 CAD 实例教程[M]．长春：东北师范大学出版社.

谢龙汉，2013．AutoCAD 2012 建筑制图实例图解[M]．北京：清华大学出版社.

张日晶，王敏，2011．AutoCAD 建筑设计与天正 TArch 工程项目实战[M]．北京：机械工业出版社.

赵冰华，喻骁，2011．土木工程 CAD＋天正建筑基础实例教程[M]．南京：东南大学出版社.

赵嵩颖，宋智河，2016．建筑 CAD[M]．上海：上海交通大学出版社.

中华人民共和国建设部，2010．GB/T 50001—2010 房屋建筑制图统一标准[S]．北京：人民出版社.

左咏梅，王立群，2013．土木工程 CAD[M]．北京：机械工业出版社.